博碩文化

U0077540

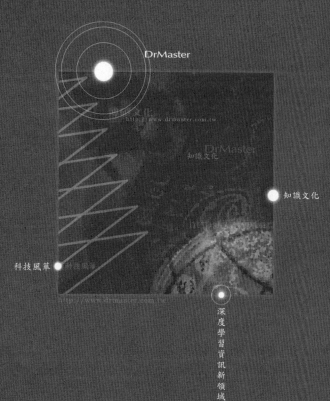

DrMaster

知識文化

科技風革

深度學習資訊新領域

DrMaster

深度學習資訊新領域

 http://www.drmaster.com.tw

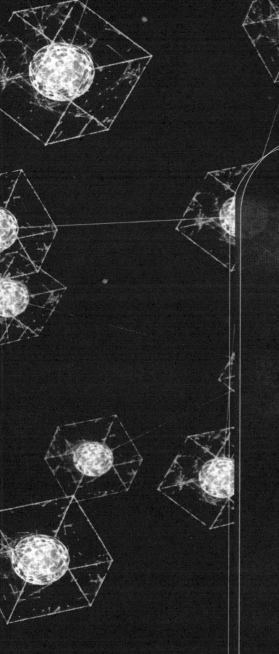

計算機
概論

基礎科學、軟體與資訊安全導向

北極星／著

初學者循序漸進學會基礎知識

詳盡的實作由淺入深解析範例

精選的主題強化資訊安全案例

Introduction
to
Computer

博碩文化

本書如有破損或裝訂錯誤，請寄回本公司更換

作　　者：北極星 著
責任編輯：賴彥穎 Kelly

董 事 長：陳來勝
總 編 輯：陳錦輝
出　　版：博碩文化股份有限公司
地　　址：221 新北市汐止區新台五路一段 112 號 10 樓 A 棟
　　　　　電話 (02) 2696-2869　傳真 (02) 2696-2867

郵撥帳號：17484299　戶名：博碩文化股份有限公司
博碩網站：http://www.drmaster.com.tw
讀者服務信箱：dr26962869@gmail.com
訂購服務專線：(02) 2696-2869 分機 238、519
（週一至週五 09:30 ～ 12:00；13:30 ～ 17:00）

版　　次：2022 年 5 月初版
建議零售價：新台幣 580 元
I S B N：978-626-333-110-5（平裝）
律師顧問：鳴權法律事務所 陳曉鳴 律師

國家圖書館出版品預行編目資料

計算機概論：基礎科學、軟體與資訊安全導向 /
北極星著.-- 初版.-- 新北市：博碩文化股份有限
公司, 2022.05

　　面；　公分 --

ISBN 978-626-333-110-5(平裝)

1. CST: 電腦

312　　　　　　　　　　　　　　111006698

Printed in Taiwan

博碩粉絲團

歡迎團體訂購，另有優惠，請洽服務專線
(02) 2696-2869 分機 238、519

序

當我在撰寫這本書的時候，我的心裡頭不斷地回憶起我當初剛學習計算機概論之時的情況，那時候我手上有很多本關於計算機的相關書籍，對於那些書籍我反覆地看了很多次，但每每看完之後，我對於計算機以及計算機的運行原理還無法掌握得很清楚，直到我學習了組合語言之後，以上的問題瞬時間我才恍然大悟。

現在，終於到了要撰寫一本給初學者們的計算機概論，那怎麼寫就是一件非常重要的事情了，由於我當初不愉快的學習經驗，所以我決定寫一本對初學者來說比較友善的計算機概論，因此在寫作上我盡可能地舉生活中的例子，並且以散文的風格來撰寫本書，而打開本書的各位讀者們大可放心，這不是一本教科書，請各位在閱讀本書之時重於理解而不重於記憶，各位也不需要以填鴨式教育的心態或眼光來看待這本書，以輕鬆的角度來閱讀就好了。

本書在設計上除了有基本原理之外，還討論了軟體、資訊安全以及讀者問答等內容，在這些內容當中，資訊安全的主題最為要緊，主要是在最近這幾年來，資安問題層出不窮，因此我放了些案例，針對這些案例當中的內容我幾乎全都沒什麼修改，有修改的就只是當事人的名字而已，換句話說，案例中的人名全都是化名。

認識資訊安全之後，原則上就可以保護自己，當然啦！除非你真的很想挑戰一下駭客們的能耐，不然只要認識本書當中的駭客與犯罪等手法之後，只要你不去碰觸，並且避開這些陷阱，原則上你都能夠保護自己，能做到這樣，就算你在看完了本書之後對什麼是計算機還不懂的話那也無所謂，能夠保護自己這樣就夠了。

很抱歉本書在此時才終於誕生，雖然社團在草創之初，就有很多人跑來問我，說想學習資訊安全與駭客技術的話要從哪裡開始？我都回答對方說從計

算機概論或程式語言來開始，但現在想想，這種回答縱使沒錯，但卻給許多初學者們一個相當不愉快的學習經驗，主要是近幾年來我們團隊一直在製作專題研究，實在是沒時間來製作這些基礎教案，進而忽略了許多初學者們的真實需求，在此我獻上此書，並補償這些當初的初學者們。

最後，由於本書作者群們的所學有限，若書中有錯誤或不足之處，盼請各位讀者們不吝指教。

北極星代表人

本書的使用方法

本書大致上以講解為主，雖然有些內容帶有實作，但由於有些實作的部分其實很長，所以我只擷取了部分重點與結論來跟各位解說，如果各位對全部的實驗流程有興趣的話，可以參考北極星的專題著作。

本書的設計對象

本書的設計對象有：

1. 高三畢業生
2. 大一新生
3. 非資訊等相關本科系的社會人士

如果拾起本書的讀者是高中以下的小朋友們，那也可以來挑戰看看本書。

▨ 學習地圖

北極星所製作的教材,其學習地圖暫定如下:

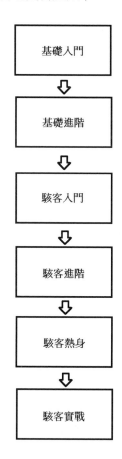

本書屬於基礎入門。

目錄

Chapter **03** 計算機的種類

Chapter **04** 知識加油站

Chapter 05 軟體的基礎知識

Chapter 06 資訊安全與駭客技術簡介

Chapter 07 計算機對社會的影響

Appendix A 附錄

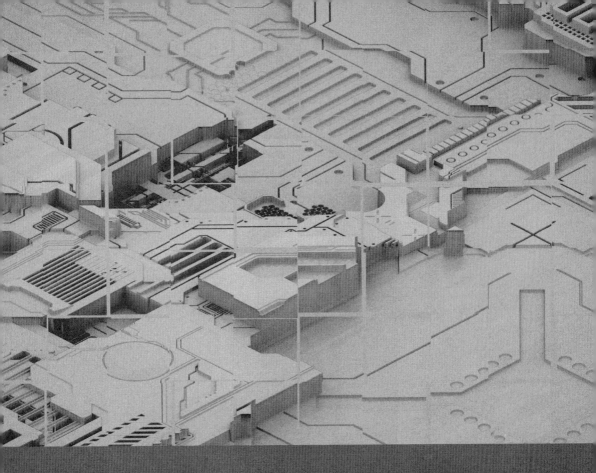

Chapter

01

計算機與我們的生活

1-1 日常生活裡的計算機

你相不相信，看起來超級偉大的三個字「計算機」其實就在我們的日常生活裡，每天都跟我們離不開，舉一個最簡單的例子，我相信各位一定都認識它（以下圖片擷取自 iPhone 官網）：

你一定會說，唉唷！這不是手機嗎？而且還是大名鼎鼎的 iPhone 耶！沒錯，你每天都在用的手機，其實就是一種計算機，只是它體積小而且又可以隨時帶著走，所以是一種小型的計算機。

了解了上面的內容之後，接下來讓我們來點正式的，各位請看下圖（以下引用自網路）：

這時候你一定會說，這不是個人電腦嗎？沒錯，個人電腦其實也是一種計算機。

這時候你或許會搞糊塗，手機是計算機，電腦也是計算機，那究竟什麼是計算機呢？好奇的寶寶們也許會說，計算機就是計算機，像我用來做簡單的數學運算，我用的工具也是計算機，可是我用的計算機卻不像上面說的那麼複雜，例如這個（右圖引用自網路）：

那這又是怎麼一回事呢？在此請各位慢慢聽我道來。

其實，上面三者全都是計算機，差別就在於性能與大小不一樣而已，各位可以看看，第三種計算機只能單純地做計算工作，但卻無法讓你上網、打字甚至是玩遊戲，至於第二種計算機可以滿足你上網、打字甚至是玩遊戲的需求，但卻無法讓你隨時帶著走，能讓你隨時帶著走的，就是第一種計算機，也就是俗稱的手機。

上面那三種計算機雖然用途與大小都不一樣，可是隱藏在它們背後的運作原理卻是一樣，那就是計算，也因此，上面三者全都稱為計算機。

本節參考資料

https://www.apple.com/tw/iphone-13-pro/

https://zh.wikipedia.org/wiki/%E8%A8%88%E7%AE%97%E6%A9%9F

https://www.google.com/search?q=%E9%9B%BB%E8%85%A6&sxsrf=APq-WB
tuwI63KFbIUyQZviQYx8NBvgqdyA:1645165122830&source=lnms&tbm=isch
&sa=X&ved=2ahUKEwiwzPjVzYj2AhWPCd4KHd0YAM8Q_AUoAnoECAMQ
BA&biw=1440&bih=637&dpr=1#imgrc=yFGqP_vLj5oXPM

https://www.google.com/search?q=%E8%A8%88%E7%AE%97%E6%A9%9F&
tbm=isch&ved=2ahUKEwjC9ODXzYj2AhURd94KHV-bA3UQ2-cCegQIABAA
&oq=%E8%A8%88%E7%AE%97%E6%A9%9F&gs_lcp=CgNpbWcQA1AAWA
BgAGgAcAB4AIABAIgBAJIBAJgBAKoBC2d3cy13aXotaW1n&sclient=img&e
i=RjoPYsK5JpHu-Qbfto6oBw&bih=637&biw=1440#imgrc=58nM5NQv680VzM

▶ 圖片均引用自網路，非本人所創

1-2　為什麼要發明計算機

科學，描述的是一個現象，並且能因此而得出一個放諸四海、普遍皆準的原理原則出來，例如說自然科學，在同一時間之內，你在臺灣對水分子可以得出 H_2O 這個結構的結論出來，而對遠在南極的某個科學家來說，對於水的結構也一樣是得出 H_2O，H_2O 這個結論不因國籍、種族、政治、文化與性別等人文因素而有所不同。

也就是說，自然科學研究自然界的現象，而工程師則是把科學家在自然界當中所發現到的自然現象給拿來運用，就拿光來說，光是自然界的一種現象，而工程師把光應用在網路通訊上，這就是光纖技術的由來。

研究自然沒有善惡問題，但工程就有，例如把生物學的知識拿來製造生物武器，像這種事情就有善惡問題，也就是所謂的工程倫理，而在計算機科學當中也有這方面的問題，稱為資訊倫理，把資訊倫理提升到技術層次，就是所謂的資訊安全。

從上面的內容當中我們可以知道，科學負責研究現象，而工程負責發明產品，前者發現，後者發明，兩者之間具有微妙的關係，既然是發明，那產品的研發一定是為了達到某些目的、解決某些問題又或者是能夠服務人群，各位說對嗎？沒錯。

我們的計算機也一樣，計算機被發明出來就一定要有個目的，或許這目的很多，但其中一個，就是要讓大家得到便利性，進而改善我們的生活。以現在的生活來說，可以分成食衣住行育樂，而以工作的類別來說則是士農工商，那接下來我們就對這些分類來各舉一個例子，讓大家知道計算機是如何地進入我們的日常生活中。

1-3 計算機的應用－食

我們都有當過學生，都知道在臺灣當學生是一件非常辛苦的事情，白天上課，晚上上補習班，這種生活就跟被操到爆肝的白天上班，晚上加班的上班族一樣，而回到家之後，等待自己的就只剩下一片虛無。

你知道嗎？當自己在職場上被操到快逼近累死的狀態之時，我想下班後恐怕沒有多少人還有心情或餘力可以在回到家之後親自下廚煮菜，現代人想要快速地解決自己的一餐，其實有很多種方法，其中一種，就是大家事先購買已經做好的冷凍食品，例如大賣場裡頭的咖哩飯，當你下班後直接從冰箱裡頭把咖哩飯拿出來，放進微波爐裡頭微波個一兩分鐘，接著你便可以邊看電視邊享受到香噴噴的咖哩飯，你看，這樣做是不是暨省時又省力呢？

在上面的例子中，我們提到了微波爐，正確來說應該是微電腦微波爐，圖示如下所示（以下引用自商場網站）：

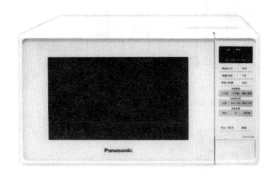

微波爐的操作方式很簡單，只要把冷冰冰的咖哩飯給放進微波爐裡頭去，並且按下微波爐上面的操作面板，而操作面板上面有你要的需求，你只要針對你的需求來設定操作面板上面的選項就好，例如說操作面板上面有 10 秒、30 秒、1 分鐘甚至是 10 分鐘等選項，那你就按下你的需求，例如說 30 秒，接著按下操作面板上的啟動，30 秒之後一切搞定，你的熱噴噴咖哩飯就立馬出現，你看這樣是不是很方便？

之所以稱它為微電腦微波爐，表示微波的工作是由微電腦來控制，而微電腦，就是本書的主題，也就是計算機。

再舉一個例子，當平時在公司裡頭被操得要死要活之時，我相信你的假日應該是在家裡頭睡覺，你可能也不想出門，睡到自然醒是假日時大家的「娛樂」之一，就算醒了，也懶得出門甚至是懶得煮飯，這時候，如果能叫外賣直接把熱噴噴的食物送到你家裡頭去的話，你想這該有多好？

所謂的商機，就因此而誕生，換句話説，哪裡有需求，那裡就有商機，也因此，像是 Uber Eats（以下引用自 Google Play）：

與 foodpanda（以下引用自 Google Play）：

這種外送平台便由此而生，也許你會問，Uber Eats 與 foodpanda 這兩者與計算機之間是有什麼樣的鳥關係？這鳥關係可大了，這兩個平台都是由計算機這學門當中的「程式語言」所設計出來的「軟體」：

也因為如此，你可以使用由 Uber Eats 與 foodpanda 像這樣子的廠商所開發出來的軟體來點餐，進而解決你對食物的需求。

本節圖片引用自網路

https://tw.buy.yahoo.com/gdsale/%E5%9C%8B%E9%9A%9B%E7%89%8C20L
%E5%BE%AE%E9%9B%BB%E8%85%A6%E5%BE%AE%E6%B3%A2%E7%
88%90NN-ST25JW-8741924.html

▸ Google Play 上 Uber Eats 與 foodpanda 的 APP 上架網站

1-4 計算機的應用－衣

在進入本節的主題之前，讓我們先來看一幅畫（以下引用自網路）：

這是一幅古代女子正在河邊洗衣服的狀態，那時候的人要洗衣服，首先要把衣服給收好，並放到籃子裡，接著走到河邊去洗衣服，洗完後再把衣服給放回籃子裡頭去，最後回家把衣服給曬乾。

你看這整個過程是不是很麻煩？以現代人的生活來說，我看沒有多少人願意像畫中的女子那樣那麼地「殷勤」，別說出門，在現代的生活環境裡頭，你光要選一條乾淨無污染的河川就是個大問題，所以現代家庭要解決洗衣服的問題，最快的方式就是直接把衣服連帶洗衣粉等給丟進洗衣機裡頭去之後就一次搞定。

回到我們的話題，你在操作洗衣機的時候有沒有發現到，洗衣機跟上一節當中所講過的微電腦微波爐兩者之間其實很像？沒錯，它們其實全都是一種很特別的電腦（或計算機），怎麼個特別法呢？講白一點，你可以用你家的洗

衣機來上網嗎？又或者是你可以用你家的洗衣機來打遊戲嗎？答案是不行，
這些家電產品被設計出來都有一個針對性的目的，例如洗衣服又或者是微波
等，因此，針對洗衣機或者是微波爐等這種家用產品的電腦系統，在計算機
科學領域當中，我們稱之為「嵌入式系統」

嵌入式系統的範圍實在是太廣了，以後有機會我們再來談。

本節引用出處

https://www.google.com/imgres?imgurl=http%3A%2F%2Fi2.kknews.
cc%2F4afJTo8ROb-PPgLDdowNgKZuwMVI8afnmA%2F0.jpg&imgrefurl=htt
ps%3A%2F%2Fkknews.cc%2Fhistory%2F3q3kegg.html&tbnid=BD44pLqxuw
c8LM&vet=12ahUKEwjhx-_nzIj2AhVKDN4KHWEnCLQQMygCegUIARCe
AQ..i&docid=ue2hhHQF2KW1yM&w=350&h=594&q=%E5%8F%A4%E4%B
B%A3%20%E6%B2%B3%E9%82%8A%20%E6%B4%97%E8%A1%A3%E6%
9C%8D&ved=2ahUKEwjhx-_nzIj2AhVKDN4KHWEnCLQQMygCegUIARCe
AQ

1-5　計算機的應用－住

講到住，自然我們想到的就是房子，也許你會覺得，房子就是房子，房子跟
計算機之間是能扯上什麼樣的鳥關係？

在計算機技術剛出來之時，或許事情是這樣沒錯，但隨著時間的流逝，再加
上硬體技術的發展，整體的變化卻讓事情漸漸有了轉向，把計算機當中的技
術應用在生活住宅上再也不是什麼大問題，簡單來說，各位都知道大樓監視
器吧？其實那就是計算機的一個應用之一。

近年來，由於手機軟體以及硬體設備的快速進展，住宅可以跟以前傳統式的
住宅不一樣，讓我們舉個例子。

家裡每個月都要用水電瓦斯，而水電瓦斯是每兩個月結算一次，也就是說，兩個月時間一到，水電瓦斯公司便會派人到你家去抄度數，接著你收到帳單，拿到帳單後你就去水電瓦斯公司等繳費。

在這個例子當中，用戶如果要知道自己的水電瓦斯的使用狀況，那可就有點麻煩了，例如說用水，用戶想知道自己用了多少水，那就得爬上頂樓去查（以下引用自維基百科）：

又如果是用電，那用戶也得走下樓，找找自家的電表之後看看自家用了多少電（以下引用自維基百科）：

但這都還不打緊，我覺得最慘的是抄表員，你想想，光一個地點的用戶那麼多，抄表員可得挨家挨戶地去抄表，你說，這對水電瓦公司來說不但是個人力成本，對抄表員的體力與耐性來說也是一大折磨，而對消費者而言，也不是什麼好過的日子，在那個超商還沒代收水電瓦斯費之前的年代，你得自己親自跑一趟水電瓦斯公司去繳費。

你有沒有想過一種可能？如果我家的水電瓦斯等度數，可以藉由網路傳輸的方式傳給水電瓦斯公司，而水電瓦斯公司使用軟體，直接把你所使用的度數給記錄下來，而你用手機 APP 軟體就可以查詢，必要時也可以直接線上用信用卡來繳費，這樣一來，水電瓦斯等公司不但不用聘用抄表員挨家挨戶地來抄表，也讓你在繳費的這件事情上省了跑腿這鳥事，全程手機搞定，你看這樣是不是很輕鬆？

以上我舉的例子，是智慧建築當中，智慧住宅的一種概念，你看，誰說計算機不能跟住的問題結合在一起？

其實智慧住宅還有很多話題可以討論，例如說你回到家之後對著機上盒或裝置大喊，請拉下門簾，接著你家的門簾就會自動地往拉下，或者是燈光調控也可以，你對著裝置大喊換黃光，接著你現在的所在位置，燈光就會被調控成黃光，而這些全都是智慧住宅的應用之一。

本節引用出處

https://zh.wikipedia.org/wiki/%E6%B0%B4%E8%A1%A8#/media/File:Wasseruhr-einstrahlig.jpg

https://zh.wikipedia.org/wiki/%E9%9B%BB%E5%BA%A6%E9%8C%B6#/media/File:Electrical_meter.jpg

1-6 計算機的應用－行

1980 年代，電視劇《霹靂遊俠》曾經風靡了美國與臺灣，為什麼呢？主要是《霹靂遊俠》裡頭的這台車（以下引用自維基百科）：

引起了許多人的好奇，活在 2022 年的各位也許很難想像事情為什麼會這樣，沒關係，讓我們把時光給退回到 1980 年代，1980 年代那時候的汽車大多是長這樣（以下引用自維基百科）：

所以一台又酷又炫的車，自然就引起了戲迷們的喜愛，更重要的是，《霹靂遊俠》裡頭的那台車可以跟人對話，其流利的程度與真人沒兩樣，這種科幻性的編劇，在當時可謂是一大創新，也就是說《霹靂遊俠》這部影集當中的一大看點，就是在演一台會講話的車子。

像這種會講話的車子，就是由計算機科學領域當中的一個學門 - 人工智慧所想像出來的產品，《霹靂遊俠》當中的人工智慧機器可以與真人一樣，能思考、能判斷甚至是能下決策，不但如此，有的人工智慧還能夠具有與人類一樣的感知與意識，例如由日本漫畫家藤子‧F‧不二雄所創造出來的哆啦 A 夢（日語：ドラえもん）就是一個典型的例子，而像這種人工智慧，又被稱為強人工智慧。

你會問，既然有強，那一定也有弱，換句話說弱人工智慧又是什麼東西呢？要解釋這件事情，我想我們還是先不要把事情給想得太多太複雜，假如現在有一台冷氣機，當你用遙控器設定好溫度，例如 23 度之後，冷氣機便會開始運行，但是呢！由於你設定的溫度是 23 度，這時候如果有某些因素使得室內的溫度下降成 19 度的話，那冷氣機便會開始自動地調控溫度，好讓室內的溫度控制在 23 度，像這種只能解決單一問題的機器就是弱人工智慧。

以人類目前的科技來說，只能做到弱人工智慧，至於強人工智慧，目前還辦不到。

上面的內容或許離各位太過於遙遠，讓我們把話題給拉回到 2022 年的現實生活。最近這幾年流行自動駕駛這個話題，而自動駕駛也是一種人工智慧。2017 年，全臺灣無人駕駛巴士 EZ10 在高雄市正式測試，有趣的是，車上只有乘客但沒有司機，遇到彎道巴士也能夠穩穩地開，而且就算巴士的前方有人，巴士也能夠自己自行判斷後並執行煞車功能，換句話說，巴士已經具備了人工智慧當中的判斷能力。

本文引用與參考出處

https://zh.wikipedia.org/wiki/%E9%9C%B9%E9%9D%82%E9%81%8A%E4%BF%A0#/media/File:Knight2000_ex201.jpg

https://zh.wikipedia.org/wiki/%E6%B1%BD%E8%BD%A6#/media/File:Volkswagen_Passat_(18557556842).jpg

https://www.youtube.com/watch?v=BPCVnofWp0E

1-7　計算機的應用－育

在這裡，我們對於育的定義純粹就是指教育。有了這定義之後，接下來讓我們來看個故事。

王小玉是一位學校老師，她在上課時用的是黑板與粉筆，而王小玉要求學生交作業時，學生交的是紙本作業簿，長期下來，王小玉老師在上課時不但要吸入粉筆灰，對於學生的作業，她還得用紅筆一一地來做批改，更麻煩的是，校方與老師常常要處理大量的紙本作業簿，如果遇到作業抽查，還得抱著一大堆的紙本作業簿去教務處來抽查作業。

有一天，教務主任告訴王小玉，從本學年度開始，她可以使用簡報來做教學，情況如下圖所示：

北極星國小社會科教學簡報
臺灣社會福利的概況

授課老師：王小玉

從簡報當中我們可以看得出來，王小玉老師現在要講的是跟社會科有關的題目，至於題目的詳細內容則是臺灣社會福利的概況，有了題目，接下來就是章節安排：

章節安排

- 什麼是社會福利
- 社會福利的起源
- 其他國家的概況
- 臺灣的現況

有了章節安排，王小玉老師便可以繼續針對她所要講解的主題來繼續地講解下去，這樣一來，傳統的黑板就變成了輔助教學用，慶幸的是，王小玉老師吸入的粉筆灰可以比以前少，搞不好至此還可以跟粉筆來說掰掰。

至於學生的報告呢？那就用文書編輯軟體來撰寫即可，例如說像這樣：

> ## 對於臺灣社會福利的概況的學習心得
>
> 學生：陳阿花
> 學號：1234567
>
> 我覺得台灣的社會福利……

當學生陳阿花把作業用文書編輯軟體寫完之後，接著陳阿花把作業給存進隨身碟裡頭去，隔天陳阿花就可以用隨身碟把檔案交給老師，也就是說，學生再也不用拿著紙本作業簿去學校，而就算學校要抽查，校方只要用電腦隨便一選，就可以把學生的作業給拿出來看，你說這是不是非常方便呢？

能夠這樣做，全都是拜計算機所賜，在上面的故事中，老師使用簡報軟體，而學生使用文書處理軟體，正因為師生對軟體的使用，改變了傳統書寫黑板的教育方式。

在此我再補充個幾點：

1. 其實陳阿花交作業的方法不一定只能把作業給存進隨身碟裡頭去，例如使用電子郵件 E-Mail 便可以把作業寄給老師這也可以

2. 隨身碟體積小，重量輕；而紙本作業簿體積大，重量重，所以用隨身碟來存資料非常方便，重點是，你可以隨時帶著走

3. 傳統的課本都是紙張，所以學生上學都要揹書包，但由於現在軟體工程的進步，可以把課本給數位化，也就是俗稱的電子書，學生只要帶一台筆電或 iPad，就可以打開電子書檔案，這比傳統的揹書包上課還要來得輕鬆

你看，計算機是不是改變了我們的生活，給了我們便利呢？

1-8 計算機的應用－樂

在這裡，我們對於樂的定義純粹就是指娛樂。有了這定義之後，接下來讓我們來看個故事。

「夜市」對臺灣人而言已經是個相當重要的生活文化，去到夜市，除了美食是一定要品嚐之外，玩的部分當然也要，我相信各位應該都有看過夜市裡頭的射擊遊戲（以下引用自網路）：

遊戲方式很簡單，你只要舉起空氣槍，瞄準氣球，扣下板機之後就 OK 了，關鍵之處沒別的，純粹在於個人的槍法準不準而已。這種射擊遊戲的優點就在於，玩家可以拾槍來親自體驗一下射擊的滋味，缺點是，當你射中之時，老闆還得補上氣球，換句話說，得花力氣與成本啦！

不但如此，有的夜市也不是每天開，就算開了，射擊遊戲的攤位也不一定會天天出來擺，那這時候想玩射擊遊戲的話該怎麼辦呢？難不成要自己去買空氣槍還有其他的設備回家玩嗎？開玩笑，真這樣搞的話我想得花上一筆不少的錢錢耶！

於是，為了滿足各位玩家們的需求，這時候我們的計算機又再次地登場，主要是遊戲程式設計師使用程式語言來設計遊戲，也因此，所謂的電腦遊戲便因此而生，話不多說，請各位看看下圖（以下引用自網路）：

圖中是一款射擊遊戲，玩家只要使用手機來下載射擊遊戲軟體，之後便可以開始玩射擊遊戲，雖然跟夜市比起來，用手機來玩射擊遊戲缺少了臨場感，但至少還能滿足你想玩射擊遊戲的需求，畢竟人家夜市也不是天天開，就權當打發打發你的時間。但話雖如此，現代科技也不是蓋的，請各位看看下面，這是一款名為《健身環大冒險》的遊戲（以下引用自維基百科）：

在遊戲當中，玩家藉由全身運動來過關（以下引用自維基百科）：

所以你會說，這就是一款娛樂兼減肥的遊戲囉！沒錯，這就是計算機技術的威力，你不但可以使用計算機來玩靜態的手機遊戲，也可以用計算機來玩玩像《健身環大冒險》那樣的動態遊戲。

本文引用與參考出處

https://www.pplomo.com/article/life/4171

https://apkpure.com/tw/bottle-shooting-gun-games-3d/com.bottle.shooting.gun.ultimate.bottle.shooter.games

https://zh.wikipedia.org/wiki/%E5%81%A5%E8%BA%AB%E7%8E%AF%E5%A4%A7%E5%86%92%E9%99%A9#/media/File:%E5%81%A5%E8%BA%AB%E7%92%B0%E5%A4%A7%E5%86%92%E9%9A%AA.jpg

https://en.wikipedia.org/wiki/Ring_Fit_Adventure#/media/File:Ring_Fit_Adventure_Screenshot.jpg

1-9 結論

看了這麼多的內容，現在終於要來到了我們的結論。

從前面的學習當中我們已經看到，計算機已經不知不覺地進入到我們的日常生活中，上至天文觀測，下至 GIS 地理資訊系統，中間到人類各式各樣的需求等，我們的生活幾乎都離不開計算機，就連傳統的算命解卦也可以用計算機來處理，你說，這是不是非常有趣？

其實，前面所講過的內容只能提供一個大概性的輪廓給你而已，計算機的應用實在是太多太大太廣了，要在小小的一本書當中來包羅全部那幾乎是不可能的事情，但有個原理原則卻是讓你了解計算機的應用甚至是開發潛在的商機，那就是，哪裡有需求，那裡就有商機，而商機的部分，可以用計算機來輔助解決。

你可以想像一下，對一個像作者我這樣的路痴來說，傳統地圖雖然可以輔助我找到我要去的地方，但畢竟傳統地圖是靜態的，傳統地圖不會告訴我，我現在在哪？我接下來該怎麼走？但拜現代計算機技術所賜，我已經可以用手機當中的 GPS 全球定位系統來告訴我我現在在哪，我接下來該怎麼走，並幫助我找尋我所要抵達的目的地，你看，這種技術對於我這種路痴而言，是不是一大福音？

總之，科技的發展在於需求，而工程師除了要洞悉需求之外，還要設計出人性化的科技產品來讓消費者使用，而這些問題，都是產品開發當中所要探討的一部分。

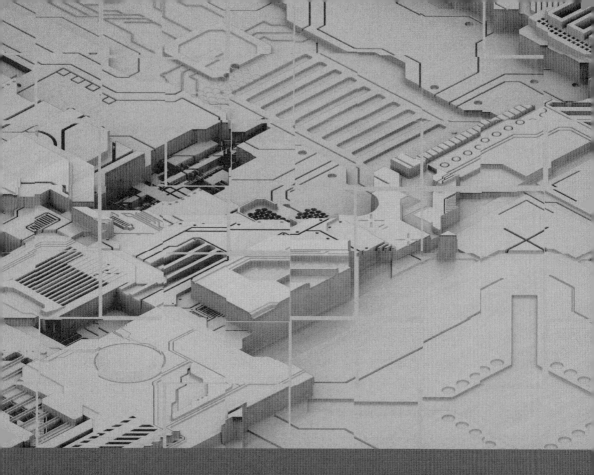

進入計算機科學的
基礎知識

2-1 數制系統簡介 1：十進位簡介

每一門科學都有它的基本問題在，當然也包括我們的計算機科學概論，其實，計算機科學概論所涵蓋的範圍非常廣，除了傳統的科學知識與科學技術之外，漸漸地也涵蓋了人文知識與商業素養。

不管如何，我們現在要來講的是入門計算機科學的基礎知識，而這一切的根本，還得從數制系統來開始談起，這怎麼說呢，讓我們先從我們的日常生活中來開始談起，首先，我們要來討論的是十進位。

各位都有去過市場買菜的經驗，買菜我們用的是錢，各位可以想像一下，在我們用的這些錢當中有 1 元、10 元、50 元、100 元以及 1000 元等種類，所以你跟菜市場的阿桑交易時，你用的都是這些錢幣，例如說你拿 100 元買一疊 89 元的豆干，那這時候阿桑便會找你 11 元。

從上面的例子當中我們知道，我們用的這些數字本身都具有一種規律性，什麼規律性呢？那就是當你從 1 來開始數，數阿數的當你數到 9 的時候，你就會產生進位，例如說下面的情況：

0、1、2、3、4、5、6、7、8、9

數到 9 了，這時候如果你要繼續地數下去的話，那請問 9 的下一個數字是多少？當然是 10 囉！那現在問題來了，請問這個數字 10 你是怎麼得出來的？

1. 首先，讓 9 重新回到 0：

0、1、2、3、4、5、6、7、8、9

2. 接著增加一個位數，且這個位數的數字是從 1 來開始算起：

10、1、2、3、4、5、6、7、8、9

3. 最後我們得出數字 10：

$$\boxed{10}、1、2、3、4、5、6、7、8、9$$

如果接下來我們要從 10 來繼續算起，算算算算算，當我們算到 19 的時候，我們也是用同樣的方法來進位：

1. 首先，讓 9 回到 0：

$$10、11、12、13、14、15、16、17、18、19$$

2. 接著進位，讓 1 的地方加上 1 為 2，於是我們就得出 20 這個數字：

$$20、11、12、13、14、15、16、17、18、19$$

以上關於數字進位的這種情況，我們就稱為十進位，而所謂的十進位，顧名思義就是指逢十就進位的意思，例如算到 9，這時候下一個便是 10，而逢 10 就進位。

十進位數制系統在我們的日常生活裡頭佔據著非常大的一部分，其中最重要的部分就是商業交易，例如你去菜市場裡頭跟菜市場的阿桑買菜，甚至是跟阿桑討價還價時，你們喊的價也都是十進位，可見十進位數字系統已經深深地進入到我們的日常生活裡無法分開。

在計算機的世界裡頭也要使用數字，可是呢！計算機所用的數字跟我們日常生活當中所用的數字，就原理上來説很像，可是情況卻有點不太一樣，別急，關於這點讓我們下回分曉。

2-2 數制系統簡介 2：十六進位簡介

前一節，我們講了十進位，十進位在我們的日常生活中處處可見，但話雖如此，事情總有例外，而這個例外，就是計算機。

也許你會說，不對啊！我用計算機（電腦）來上網購買我最心愛的片片之時，跟賣家討價還價用的數字系統就是十進位，既然如此，為什麼作者你說計算機的情況會有例外呢？別急，這話還請聽我慢慢道來。

我說十進位對計算機而言會有例外，並不是指你跟賣家進行片片交易買賣時所用的數字系統，我說的例外是指，我們在閱讀計算機內部當中所呈現出來的數字之時所用的數字進位系統不是十進位，而是十六進位。

也許你聽到這句話之後會大吃一驚，並且內心會想，啥！既然都已經有了十進位，那為什麼不乾脆以此為基礎，把十進位給直接應用在計算機上，何必另外弄個什麼十六進位，然後重新學習，這樣做不是給自己找麻煩嗎？

這個問題，在作者我剛學習計算機之初也有同樣的疑問，不過，在此我們先暫時拋開這個疑問，讓我們繼續地往下走下去，也許，一直往下走下去之後，你心中自然會有答案也說不定。

我們說過，所謂的十進位，顧名思義就是指逢十就進位，因此你會問，那既然如此，那所謂的十六進位是不是逢十六就進位？沒錯！所謂的十六進位，意思就是指逢十六就進位的意思，不過，在數字上我們會有點小小的特殊安排，怎麼說？讓我們來看看下面的情況之後就知道：

十進位數字	十六進位數字
0	0
1	1
2	2
3	3
4	4

十進位數字	十六進位數字
5	5
6	6
7	7
8	8
9	9
10	A
11	B
12	C
13	D
14	E
15	F
16	
17	
18	
19	

上面有兩列數字，其中左邊那一列是十進位數字，而右邊那一列則是十六進位數字，而看到這兩列數字之後，不知道各位有沒有什麼發現？一定有，聰明的各位在瞧了瞧一眼之後一定可以發現到，十進位數字 1~9 與十六進位數字 1~9 完全一模一樣，可是十六進位從 10 開始卻不是 10，而是 A，換句話說：

十進位數字 10 = 十六進位數字 A

同理：

十進位數字 11 = 十六進位數字 B

十進位數字 12 = 十六進位數字 C

十進位數字 13 = 十六進位數字 D

十進位數字 14 = 十六進位數字 E

十進位數字 15 = 十六進位數字 F

現在問題來了：

十進位數字 16 = 十六進位數字的多少呢？

各位還記得我們在上一節當中所說過的進位方法吧？那時候我說，當你對十進位數字從 0 開始數阿數的，數到 9 之時，若要再繼續數下去的話，這時候 9 就回到 0，接著進位變成 10，十進位如此，十六進位也是一樣，所以當你對十六進位數字從 0 開始數阿數的，數到 F 之時，若要再繼續數下去的話，這時候 F 就回到 0，接著進位，也就是 10，因此，讓我們來繼續表：

十進位數字	十六進位數字
0	0
1	1
2	2
3	3
4	4
5	5
6	6
7	7
8	8
9	9
10	A
11	B
12	C
13	D
14	E
15	F
16	10
17	
18	
19	

並且補上：

十進位數字 16 = 十六進位數字 10

如果繼續數下去，那我們便可以得到：

十進位數字	十六進位數字
0	0
1	1
2	2
3	3
4	4
5	5
6	6
7	7
8	8
9	9
10	A
11	B
12	C
13	D
14	E
15	F
16	10
17	11
18	12
19	13

十進位數字 17 = 十六進位數字 11

十進位數字 18 = 十六進位數字 12

十進位數字 19 = 十六進位數字 13

以此類推。

以上就是十六進位數字的原理，這個原理很重要，因為它會跟我們下一節所要講的二進位數字同時活躍於計算機科學的領域當中。

2-3 數制系統簡介 3：二進位簡介

前面，我們分別講了十進位與十六進位，接下來，我們要來講的是二進位。

既然十進位就是逢十就進位，而十六進位也是逢十六就進位，那所謂的二進位是不是也一樣逢二就進位？

叮咚！答對了，所謂的二進位，顧名思義就是指逢二就進位，一樣，讓我們先來看表：

十進位數字	二進位數字
0	0
1	1
2	

在上表當中，我們可以看到十進位數字與二進位數字之間的對照關係，其中：

十進位數字 **0** = 二進位數字 **0**

十進位數字 **1** = 二進位數字 **1**

那現在問題來了：

十進位數字 **2** = 二進位數字的多少呢？

還是一樣，當你對十進位數字從 0 開始數阿數的，數到 9 之時，若要再繼續數下去的話，這時候 9 就回到 0，接著進位變成 10，十進位如此，二進位也是一樣，所以當你對二進位數字從 0 開始數阿數的，數到 1 之時，若要再繼續數下去的話，這時候 1 就回到 0，接著進位，也就是 10（念成壹零，不是

念成拾），因此，讓我們來繼續表：

十進位數字	二進位數字
0	0
1	1
2	10

並且讓我們補上：

十進位數字 2 = 二進位數字 10

有了這個基礎，後面的事情就好辦多了：

十進位數字	二進位數字
0	0
1	1
2	10
3	11
4	

十進位數字 3 = 二進位數字 11

接下來，十進位數字 4 會等於二進位數字的多少呢？還是一樣，讓我們回到：

十進位數字 3 = 二進位數字 11

的情況，此時若要再繼續數下去，就要來分析下面的步驟：

Step 1 十進位數字 3 = 二進位數字 11

	第 2 位	第 1 位	第 0 位	
				進位
+		1	1	二進位數字 11
				加的數字

Step 2 對二進位數字 11 的第 0 位加上 1：

	第 2 位	第 1 位	第 0 位	
				進位
+		1	1	二進位數字 11
			1	加的數字

由於逢二就進位，所以 1 + 1 = 0，因此，加完後接著進到第 1 位。

Step 3 進位到第 1 位上：

	第 2 位	第 1 位	第 0 位	
		1		進位
+		1	0	二進位數字 11
				加的數字

把進位 1 與第 1 位上的數字 1 來做相加，由於逢二就進位，所以 1 + 1 = 0，因此，加完後接著進到第 2 位。

Step 4 進位到第二位上：

	第 2 位	第 1 位	第 0 位	
	1			進位
+		0	0	二進位數字 11
				加的數字

Step 5 把進位往下放，最後結果就為 100：

	第 2 位	第 1 位	第 0 位	
				進位
+	1	0	0	二進位數字 11
				加的數字

所以，十進位數字 4 = 二進位數字 100（念成壹零零，不是念成壹佰）

有了上面的運算原理之後，讓我們把十六進位數字給加進來，於是我們便可以得到下表：

十六進位數字	十進位數字	二進位數字
0	0	0000
1	1	0001
2	2	0010
3	3	0011
4	4	0100
5	5	0101
6	6	0110
7	7	0111
8	8	1000
9	9	1001
A	10	1010
B	11	1011
C	12	1100
D	13	1101
E	14	1110
F	15	1111
10	16	0001 0000
11	17	0001 0001
12	18	0001 0010

上表當中有個有趣的地方，那就是從十進位數字 16 開始，十六進位數字與二進位數字彼此之間就有個微妙的對應關係，各位可以看看：

十六進位數字	十進位數字	二進位數字
10	16	0001 0000
11	17	0001 0001
12	18	0001 0010

也就是這裡：

十六進位數字		二進位數字	
1	0	0001	0000
1	1	0001	0001
1	2	0001	0010

你看，這之間是不是有個對應關係。

好了，關於十進位、十六進位以及二進位的數制系統我們就暫時先簡介到這裡，學到這，不知道各位有沒有什麼想法沒有？

其實，這數制系統是人所設計出來的，換句話說，你自己也可以設計出一套完全屬於你自己的數制系統，例如說五進位，七進位，其實在計算機裡頭還有所謂的八進位，但八進位現在已經比較少用，所以在此我們就不提，但不管如何，進位的原理都是一樣，差別就在於這個數制系統能否被人們給活用，這就是設計出數制系統的一個重要之處，換句話說，你自己也可以設計出五進位的數制系統，但問題是這五進位數制系統你要應用在哪？接受的人多不多，這時候你就得考慮考慮是否有發明這五進位數制系統的必要了。

2-4 電腦的基本架構簡介

電腦的基本架構其實非常複雜，但沒關係，我們還是先不要把事情給想得太多太難太複雜，一樣，先從簡單好下手的地方來開始談起就好，首先，讓我們來說個故事。

地球上有很多很多個國家，假設，現在太平洋上有某個非常非常小的島國，我們稱它為 A 國，這 A 國實在是有夠小，小到只能蓋一間超級簡單的小型工廠，圖示如下所示：

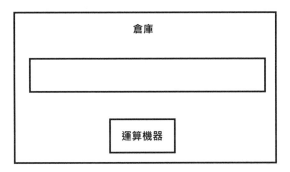

工廠裡頭只有倉庫以及一台運算機器,由於倉庫很大,所以我們可以對倉庫來做分割,並且還對分割後的空間來上編號:

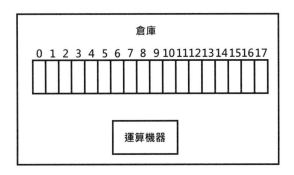

也許你會問,這到底要幹嘛?答案是做點什麼樣的事情囉,例如像下面這樣:

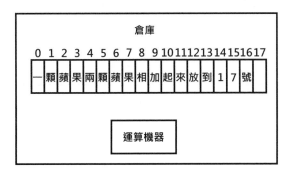

倉庫裡頭放著「一顆蘋果兩顆蘋果相加起來放到 17 號」這樣子的一句話，乍看之下，這句話的內容怎麼感覺像是要人做些什麼樣的事情，而且做的事情還是最簡單的加法運算，不但如此，其實上面那句話又可以被拆分成四句話，這四句話如下所示：

1. 一顆蘋果（位於倉庫當中的 0 號）
2. 兩顆蘋果（位於倉庫當中的 4 號）
3. 相加起來（位於倉庫當中的 8 號）
4. 放到 17 號（位於倉庫當中的 12 號）

也就是說，每一句話都有其意義，前面的第一句話和第二句話告訴我們現在蘋果的數量有多少，至於第三句話和第四句話則是要人來執行某些動作，也就是把第一句話當中的一顆蘋果和第二句話當中的兩顆蘋果給相加起來，並且在相加完畢之後，把結果也就是 1+2=3 當中的 3 給放進倉庫當中的編號 17 號裡頭去，各位說對嗎？沒錯，讓我們來看這整個流程是怎麼做到的：

Step 1 從倉庫當中找到 0 號，並且取出「一顆蘋果」這一句話進入運算機器裡頭去：

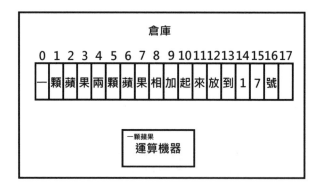

Step 2 從倉庫當中找到 4 號，並且取出「兩顆蘋果」這一句話進入運算機
器裡頭去：

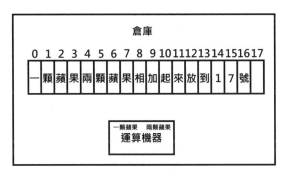

Step 3 從倉庫當中找到 8 號，並且取出「相加起來」這一句話進入運算機
器裡頭去：

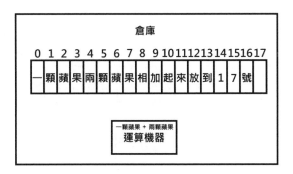

Step 4 運算機器會執行一顆蘋果與兩顆蘋果相加起來之後總共會得到 3 顆
蘋果的結果：

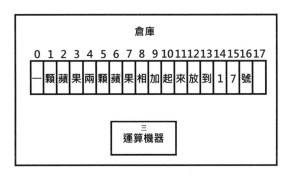

Step 5 從倉庫當中找到 12 號，並且取出「放到 17 號」這一句話進入運算機器裡頭去：

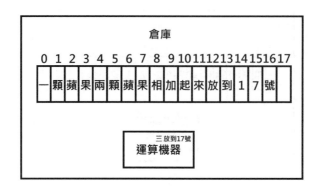

Step 6 最後數字便被放進倉庫當中編號 17 號的地方：

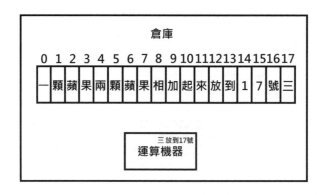

也許你會問，上面的故事跟本書的主題計算機之間是有什麼樣的關係呢？當然有，讓我們來把上面故事當中的名詞給轉換一下：

故事名詞	計算機專有名詞
運算機器	CPU
倉庫	記憶體
倉庫中的 1 格	1 個位元組
編號	記憶體位址
倉庫當中的話	程式

關於記憶體位址讓我們來看下面：

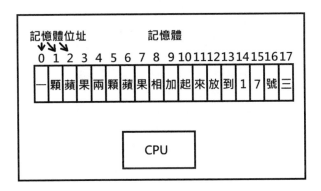

其實本節所介紹的電腦基本架構實在是非常簡單，真實的情況可是非常複雜，關於這一點，各位暫且先知道這樣就夠了。

2-5 CPU 概說

上一節，我們已經大略地講解了電腦的基本構造，雖然那是個非常陽春的基本構造，但卻已經點出了電腦非常基本的結構，也就是說，不管是那種計算機，至少都要有上一節所講過的結構，又如果是改良，但原理依舊相同。

所以接下來我們要來介紹的是電腦基本架構當中的幾個重要元件，首先，就是所謂的 CPU，CPU 是 Central Processing Unit 的縮寫，其中文名稱為中央處理器，也就是上一節所講過的運算機器，這個運算機器除了能夠幫我們把蘋果的數量給記下來之外，還能夠把蘋果的數量給相加起來，並放回倉庫裡頭去，你看，CPU 的設計是不是一個很偉大的發明？

由於這樣講各位可能還是會覺得很抽象，所以在此我們要來實際地看一下 CPU 的廬山真面目（以下引用自維基百科）：

以全球的市場來講，設計、生產或製造 CPU 的公司有幾間，其中這些公司你
或多或少都在電視上看過，不過也有一些曾經做過，而現在已經不做或倒閉
的公司，讓我們用個表來歸納前面的內容：

英文全稱	英文簡寫 或縮寫	中文名稱	創立時間
Advanced Micro Devices, Inc.	AMD	超微半導體公司	1969 年 5 月 1 日
Intel Corporation	Intel	英特爾	1968 年 7 月 18 日
ARM Holdings plc.	ARM	安謀控股公司	1978 年
Apple Inc.	Apple	蘋果公司	1976 年 4 月 1 日
Fairchild Semiconductor	無	快捷半導體公司 俗稱「仙童半導體」	1957 年
Fujitsu Limited	無	富士通公司	1935 年 6 月 20 日
Hewlett-Packard Company	HP	惠烈－普克公司 簡稱惠普	1939 年 1 月 1 日
Hitachi seisakusho	HITACHI	日立製作所	1910 年，明治 四十三年
Huawei Technologies Co., Ltd.	Huawei	華為技術有限公司	1987 年 9 月 15 日
International Business Machines Corporation	IBM	國際商業機器公司 過去曾翻譯成萬國商用 機器公司	1911 年 6 月 16 日

英文全稱	英文簡寫或縮寫	中文名稱	創立時間
Mitsubishi Electric	無	三菱電機	1921 年 1 月 15 日，大正十年 1 月 15 日
Motorola, Inc.		摩托羅拉公司	1928 年 9 月 25 日
MediaTek Inc.	MTK	聯發科技 簡稱為聯發科	1997 年 5 月 28 日
National Semiconductor	無	國家半導體 或翻譯為國民半導體	1959 年 5 月 27 日
Koninklijke Philips N.V.	Philips	皇家飛利浦	1891 年 5 月 15 日
Qualcomm	無	高通公司	1985 年
Samsung Electronics	無	三星電子	1969 年 1 月 23 日
Siemens AG	Siemens	西門子股份有限公司	1847 年 10 月 12 日
Sun Microsystems	無	昇陽電腦	1982 年 2 月 24 日
Taiwan Semiconductor Manufacturing Co., Ltd.	TSMC	台灣積體電路製造股份有限公司	1987 年 2 月 21 日
Texas Instruments	TI	德州儀器	1947 年
Toshiba Corporation	無	東芝	1904 年 6 月 25 日，明治 37 年 6 月 25 日
United Microelectronics Corporation	UMC	聯華電子股份有限公司 簡稱聯電	1980 年 5 月 22 日
VIA Technologies	無	威盛電子股份有限公司	1987 年

上面的公司大多數都是在歐美，亞洲的部分，日本、臺灣和韓國也都有，不過以日期來看，歐美公司的起步比較早，主要的原因是因為當時世界的科學知識都集中在歐美，尤其是電學、材料科學與量子力學等，這三者的進步與發現，可以説是促進了半導體與 CPU 的發展，還有各位可以看看，有的公司在 19 世紀之時就已經成立，由於早期發展早期研究，也因此，這些公司能夠提早在世界的技術舞台上站上領先的地位。

不過可惜的是，也有的公司雖然曾經風光一時，但後來卻漸漸地走下坡，有的甚至停業、被合併、被收購、出售公司部分資產或股份等給外資企業的情況也都大有人在。

最後我要跟各位說的是，上表只是幾間比較具有代表性的公司，其實還有很多間公司我沒有提，有興趣的各位可以參考本節最後面的引用出處。

本文參考與引用出處

https://zh.wikipedia.org/wiki/%E4%B8%AD%E5%A4%AE%E5%A4%84%E7%90%86%E5%99%A8#/media/File:Intel_Core_I7-920_Boxed_-_14.JPG

https://zh.wikipedia.org/wiki/%E4%B8%AD%E5%A4%AE%E5%A4%84%E7%90%86%E5%99%A8

2-6　記憶體概說

上一節，我們講了 CPU，而在這一節，我們要來講解的是記憶體，講記憶體可能太過於抽象，講我們比喻過工廠裡頭的「倉庫」那你一定就知道我想要講些什麼。

其實記憶體的基本概念就跟現實世界裡頭的倉庫很像，都是存放東西的地方，差別就在於，現實生活中的倉庫儲存著大家可以用手摸得到的物品，例如雜物、書刊、漫畫還有族繁不及備載的片片等，至於記憶體的話，也是一樣具有存放的功能，只是存放的不是大家可以用手摸得到的物品，而是抽象的電腦程式或者是資料等等。

記憶體的大小，決定了可以存放程式或資料的大小，所以一般來說，記憶體容量是越大越好，但相對地價格也會越貴。

接下來就讓我們來看看記憶體長什麼樣子（以下引用自維基百科）：

這是由美光科技所製造出來的記憶體，各位可以看到，記憶體長得一條一條的，裡面可以存放許多的資料。

目前臺灣也有專門在設計、生產或製造記憶體的公司，在此我只舉幾間公司當例子：

1. 台灣美光 (台灣美光晶圓科技股份有限公司 / 台灣美光記憶體股份有限公司 / 美商美光亞太科技股份有限公司台灣分公司)
2. 物聯記憶體科技股份有限公司
3. 力晶積成電子製造股份有限公司 (力積電)
4. 南亞科技股份有限公司
5. 聯電 _ 聯華電子股份有限公司

未來對記憶體的設計、生產或製造有興趣的讀者們可以參考一下本小節的出處網址。

最後，我說一下記憶體有兩種：

1. 隨機存取記憶體（英語：Random Access Memory，縮寫：RAM）
2. 唯讀記憶體（英語：Read-Only Memory，縮寫：ROM）

這兩者之間的最大差別就在於，當計算機關機之後，存放於 RAM 當中的資料就全部都不見了，至於 ROM 的話就不一樣，ROM 在計算機關機之後資料依舊存在，還有就是 RAM 可以不斷地讀寫，而 ROM 寫入一次後，就不能再做寫入的動作。後面我們將會看到對於記憶體的應用。

本文參考與引用出處

https://zh.wikipedia.org/wiki/%E9%9B%BB%E8%85%A6%E8%A8%98%E6%8 6%B6%E9%AB%94#/media/File:64MB-DDR266-2.jpg

https://www.104.com.tw/company/?keyword=%E8%A8%98%E6%86%B6%E9% AB%94

https://zh.wikipedia.org/zh-tw/%E9%9A%8F%E6%9C%BA%E5%AD%98%E5 %8F%96%E5%AD%98%E5%82%A8%E5%99%A8

https://zh.wikipedia.org/zh-tw/%E5%94%AF%E8%AE%80%E8%A8%98%E6% 86%B6%E9%AB%94

2-7 記憶體大小的計算

在講這個事情之前，讓我們先來看個例子。在我們的日常生活裡頭，我們常常會用到一些很特別的單位，例如說你去買雞蛋好了，除了在傳統的商店裡頭有零售一顆一顆的雞蛋之外，你也可以一次就買一整盒的雞蛋，例如說：

1 盒 = 10 顆雞蛋

所以當你要買雞蛋的時候，你可以選擇買 1 盒、2 盒或 3 盒等都可以，但不管怎樣，1 盒就等於 10 顆雞蛋，所以我買 1 盒雞蛋，就等於買 10 顆雞蛋，而這時候的單位，就是以「盒」為主。

類似的情況還有一種，那就是以「打」為單位，而 1 打的數量就是 12 個，例如說：

$$1 打雞蛋 = 12 顆雞蛋$$

$$1 打吸管 = 12 根吸管$$

$$1 打片片 = 12 部片片$$

在這個例子當中，我們以打為單位，所以以後你去影片出租店跟店員說，我要租 1 打青澀劇情的片片，這時候店員自然就會隨手拿 12 部來給你參考，你說對嗎？

在上面的例子中，用「盒」也好，用「打」也罷，其實全都是一種表示法，了解了這個情況之後，現在，我們要來討論更深的話題。

各位有學過數學，應該都知道指數的基本概念，例如說某數的某次方，例如：

$$2^5 = 2 \times 2 \times 2 \times 2 \times 2 = 4 \times 4 \times 2 = 16 \times 2 = 32$$

$$3^3 = 3 \times 3 \times 3 = 9 \times 3 = 27$$

後續以此類推，但不管怎樣，如果我說 3 的 3 次方，那你一定會答出 27。也許你會問，我提這個幹嘛？這話還得回到我們前面所說過的倉庫，前面，我們曾經說過，倉庫內的 1 格就是 1 個位元組，也就是說，倉庫內的 2 格就是 2 個位元組，後續以此類推，但我們對於倉庫的數量並不會這樣一個一個地來算，而是會用上面某數的幾次方來做計算，通常，會以 2 為主，也就是 2 個某次方，情況如下表所示：

表示	結果	念法	位元組	簡稱
2^{10}	1024	2 的 10 次方	1024B	1 KB
2^{20}	1048576	2 的 20 次方	1024 KB	1 MB
2^{30}	1073741824	2 的 30 次方	1024 MB	1 GB
2^{40}	1099511627776	2 的 40 次方	1024 GB	1 TB

而在計算時，我們的計算方式如下所示（下面中的 B 表示位元組 Byte）：

$$2^{20} = 2^{10} \times 2^{10} = 1024 \times 2^{10} = 1024 \times 1KB = 1024 \text{ KB} = 1 \text{ MB}$$

$$2^{30} = 2^{10} \times 2^{20} = 1024 \times 2^{20} = 1024 \times 1 \text{ MB} = 1024 \text{ MB} = 1 \text{ GB}$$

$$2^{40} = 2^{10} \times 2^{30} = 1024 \times 2^{30} = 1024 \times 1 \text{ GB} = 1024 \text{ GB} = 1TB$$

所以，如果我說倉庫內有 1 MB 個格子，其實就是指有 2^{20} 個格子，後續以此類推。

回到我們的電腦，既然倉庫可以比擬成記憶體，那也就是說，上面的表達方式也適用於記憶體的表達方式囉？沒錯，讓我們來看範例，這範例非常實用，假如各位現在要去買一台像下面的這台筆電（以下引用自商場網站）：

各位請仔細看，圖的下方顯示出了這台電腦的規格，其中跟本節最有關的就是從最左邊往右數第二項「最大記憶體可升級 8G」的這句話，而這句話的意思就是說，記憶體（也就是我們的倉庫）可以升級到的大小就是 8GB，而 8GB = 8 × 1GB = 8 × 2^{30} 個位元組（也就是倉庫內的格子數量）

上面的電腦是 8GB，而有的電腦的記憶體則是 16GB，例如像這一台筆電（以下引用自商場網站）：

而 16GB 的算法與 8GB 的算法一樣，就是 $16 \times 1\ GB = 16 \times 2^{30}$。

最後補充一點，對計算機而言，記憶體的容量當然是越大越好，但至於為什麼，簡單來說就是可以放置更多的程式，而讓計算機可以執行更多的工作，這情況就跟倉庫的情況一樣，倉庫內的格子越多，空間也就越多，空間越多，可以放置的語句也就跟著越多，而放置的語句越多，可以做的事情自然也就越多啦！

本文參考與引用出處

https://www.momoshop.com.tw/goods/GoodsDetail.jsp?i_code=9567945&Area=search&mdiv=403&oid=1_30&cid=index&kw=%E7%AD%86%E9%9B%BB

https://www.momoshop.com.tw/goods/GoodsDetail.jsp?i_code=9356709&Area=search&mdiv=403&oid=1_3&cid=index&kw=%E7%AD%86%E9%9B%BB

2-8 記憶體內資料的表達方式

在講解這個主題之前，讓我們先回到我們的倉庫：

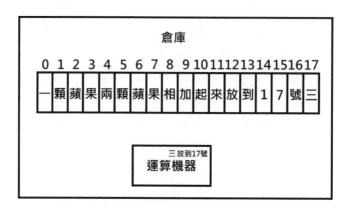

各位還記得前面這張圖吧？也許各位會問，前面的內容跟上面這張圖之間到底是有什麼樣的關係？當然有，而且還非常密切，還是一樣，讓我們先不要把事情給想得太難太遠太複雜，就拿語句「一顆蘋果」當中的「一」來說好了，其實這個「一」在倉庫裡頭不會是以中文數字「一」的情況來出現，而是以我們前面所說過的二進位數字的情況來出現，這怎麼說呢？讓我們直接看下圖：

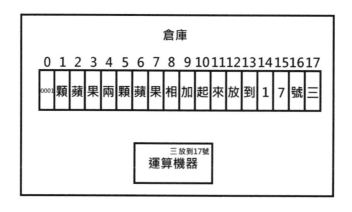

各位看到沒有，原本中文數字的「一」現在已經被表示成「0001」，而「0001」就等於數字 1，而其他的中文數字「二」、「七」和「三」的情況也是一樣：

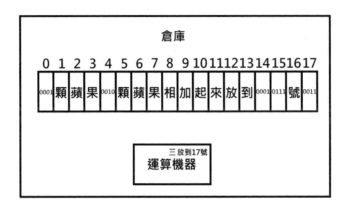

其實不要說中文數字是由 0 和 1 所組成，就連其他的中文字也全都是由 0 和 1 所組成，例如說下面這張由我所虛構的表，而表中一個中文字對應到一個二進位數字也是由我自己所設定，跟目前的電腦系統完全無關，但意思相當接近：

中文字	二進位數字
顆	1101
蘋	0010
果	1001
相	0011
加	0101
起	1100
來	0111
放	1110
到	0100
號	1111

那結果就會是這樣：

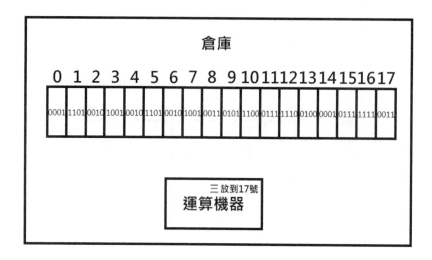

通常初學者看到這裡，至少會有兩個疑問：

1. 既然數字和程式都是由 0 和 1 所構成，那什麼時候該解釋為數字，什麼時候該解釋為程式？

2. 為什麼會用 0 與 1 來表示數字與程式，而不是用其他的方式？

關於以上兩點問題的答案，已經遠遠地超越本書的範圍，那屬於專業資工與電子工程的基礎問題，由於本書只是給初學者來學習，所以各位只要知道在計算機裡頭，所有的程式與資料全都是用 0 與 1 來表達這樣就夠了。

2-9　作業系統概說

翻開本書的各位應該都有用過計算機,例如家用電腦這種產品,當你打開電腦之後,你進入電腦的畫面大多是長這樣:

如果我問你,這是什麼?那你一定會回我,這是 Windows。原則上你這樣回答也沒錯,只是說,關於這個問題的答案你其實只回答了一半而已,正確來說,你要回答的是 Windows 作業系統。

這時候問題來了,Windows 你知道,那作業系統又是怎麼一回事呢?嘿!說真的,作者我在資訊這個領域裡頭混了一段時間,其實我還真不太敢對作業系統來下一個完整而且又放諸四海皆準的普遍定義,如果你問我,什麼是汽車的話,那我找找維基百科當中對於汽車的定義就可以了,例如像是下面的這句話(以下的定義引用自維基百科):

　　即本身具有動力得以驅動前進,不須依軌道或電纜,得以動力行駛之車輛就稱為汽車

上面那段話聽起來好有學問而且又很高尚大,各位說對嗎?沒錯,嚴格上來說,如果真要對汽車下一個放諸四海皆準,而且又具有普遍性的定義,那上面那句話真可說是非常夠力。

那回到我們的電腦，既然可以對汽車下一個放諸四海皆準，而且又具有普遍性的定義，那作者你可不可以也對作業系統來下一個放諸四海皆準，而且又具有普遍性的定義？

殘念的是我沒辦法，為什麼？因為作業系統實在是太複雜也太抽象了，但如果真的要對作業系統來下個定義的話，那我們還是可以給作業系統來下一個定義，但至於這個定義帥不帥、棒不棒這個作者我就不敢保證了（以下的定義引用自維基百科）：

作業系統（英語：Operating System，縮寫：OS）是一組主管並控制電腦操作、運用和執行硬體、軟體資源和提供公共服務來組織使用者互動的相互關聯的系統軟體程式，同時也是電腦系統的核心與基石。

關於上面的那段話你看得懂嗎？我覺得對大多數的初學者而言，應該沒幾個人能夠看得懂，其實，如果真的要卯起來說的話，關於作業系統的定義我想可能也沒多少專家能夠說得清楚，尤其是對作業系統研究得越深的專家應該會越有體會。

好啦！不管怎樣，上面那個對於作業系統的定義，內容高深得跟什麼一樣，沒關係，還是一樣，讓我們不要把事情給想得太難太遠太複雜，讓我們先來點輕鬆的。

各位都知道政府吧？你覺得政府在人類的社會當中扮演著什麼樣的角色？例如說，你要結婚，你總得向政府申請結婚登記，家中有新生兒出生，也得向政府來申請登記，小孩到了一定年齡之後，政府自然會叫你的小孩去接受義務教育，不但如此，政府也得做好治安工作，畢竟社會不是絕對安全，其他還有諸如軍事、國防、醫藥、社福、宗教、文化…等等等政府全都有一連串族繁不及備載的事情要管，而管理的目的有很多，其中一個就是讓大家都能夠各自做好自己的工作，並且讓人民都能夠有正向的發展，換句話說，政府負責好建立環境，至於人民如何發展，政府只能輔助，卻不能過度干預。

回到我們的電腦，我們的作業系統，其實就像上面說的政府一樣都具有管理的功能在，所以就某個層面上來講，作業系統其實就是一種具有管理性質的軟體，它可是管理著電腦當中大大小小的許多事務，例如當你打開電腦之後，你可以邊上網、邊聽音樂、邊打電動必要時還邊看片片，而你之所以能夠在同一時間之內做這麼多的事情，這些全都是作業系統在幫你管理，所以你看，作業系統是不是就某個層面上來講，跟政府一樣都是一套具有管理性質的軟體呢？

當然啦！以上的內容我只是比喻而已，還是那句話，如果你真的要我對作業系統來下一個放諸四海皆準，而且又具有普遍性的定義，那就算你給我三個月，我也是想不出來，因為作業系統實在是太難、太複雜而且又太抽象了。

講這麼多，就是要給大家一個基本概念，那就是作業系統是一款具有管理性質的軟體，也許你會問，這世界上的軟體公司這麼多，那全世界是不是只有一種作業系統而已？答案不是，其實作業系統也有別的，有的作業系統以營利為目的，而有的作業系統以非營利為目的，例如像下面這款以非營利為目的的 Linux 作業系統，就是一個活生生的好例子：

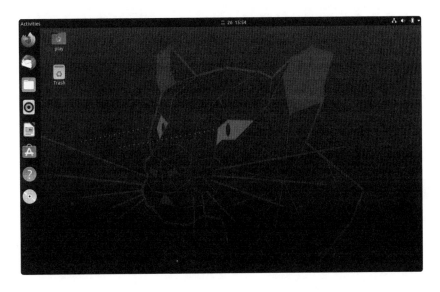

Linux 作業系統有很多種版本，而上圖的版本則是 Ubuntu。

各位請看看這款 Linux 作業系統，它是不是長得跟 Windows 有點像？沒錯，兩者都可以使用滑鼠和鍵盤來操作，所以玩起來非常方便。

另外，提到作業系統就不得不提到果粉們的最愛，也就是 macOS 蘋果電腦作業系統，各位可以看一下下圖（以下引用自蘋果電腦網站）：

你看，這款作業系統看起來是不是也跟 Windows 作業系統與 Linux 作業系統很像？沒錯，不但如此，你也可以使用鍵盤和滑鼠來操作它喔！

最後，Windows 作業系統、Linux 作業系統與 macOS 等全都是目前流行於市的作業系統，只是說，Windows 作業系統與 macOS 比較偏向於商業化經營，至於 Linux 作業系統則是非營利的作業系統，換句話說，你可以完全免費使用 Linux 作業系統而不一定只能使用 Windows 作業系統。

本文參考與引用出處

https://zh.wikipedia.org/wiki/%E6%B1%BD%E8%BD%A6

https://zh.wikipedia.org/wiki/%E6%93%8D%E4%BD%9C%E7%B3%BB%E7%BB%9F

https://www.apple.com/tw/imac-24/

2-10 位元登場

在講解位元的概念之前,讓我們先回到這張表:

中文字	二進位數字
顆	1101
蘋	0010
果	1001
相	0011
加	0101
起	1100
來	0111
放	1110
到	0100
號	1111

在上表中,每一個中文字和數字是由一個二進位數字所組成,而每一個二進位數字則是由四個 0 或 1 所組成,而每一個 0 或 1 我們就稱為一個位元 (Bit),換句話說,上表當中的每一個二進位數字全都是四個位元,至少,這裡的情況是一個位元組等於四個位元。

但話雖如此,以目前 2022 年的情況來說,一個位元組等於八個位元,套回上表的話,每一個中文字和數字就是由八個 0 與 1 所構成,也就是說:

1 個位元組 = 8 個位元

以英文來表示的話就是:

1 byte = 8 bits

位元的觀念非常重要,因為這往往會決定了你要選擇使用多少位元的作業系統,以下讓我們以 Windows 作業系統為例來說明一下,如何知道自己目前正在使用的 Windows 作業系統的位元數,請各位點選 Windows 作業系統左下

角的開始：

點選設定：

來到設定：

點選位於左上角的系統：

進入系統：

把左邊的選項往下拉：

接著會看到關於：

ⓘ 關於

點選關於：

這時候各位就會來到關於的地方，注意裡頭有很多的相關資訊，其中我們要看的地方就在這裡：

裝置規格

裝置名稱	MSEDGEWIN10
處理器	Intel(R) Core(TM) i7-3615QM CPU @ 2.30GHz 2.29 GHz (2 個處理器)
已安裝記憶體(RAM)	4.00 GB
裝置識別碼	E3A4897E-5263-4E61-9EE2-6FF79FEFBF17
產品識別碼	00329-20000-00001-AA236
系統類型	64 位元作業系統，x64 型處理器
手寫筆與觸控	此顯示器不提供手寫筆或觸控式輸入功能

而我的 Windows 10 作業系統是 64 位元，怎麼看，答案就在於框起來的地方：

裝置規格

裝置名稱	MSEDGEWIN10
處理器	Intel(R) Core(TM) i7-3615QM CPU @ 2.30GHz 2.29 GHz (2 個處理器)
已安裝記憶體(RAM)	4.00 GB
裝置識別碼	E3A4897E-5263-4E61-9EE2-6FF79FEFBF17
產品識別碼	00329-20000-00001-AA236
系統類型	64 位元作業系統，x64 型處理器
手寫筆與觸控	此顯示器不提供手寫筆或觸控式輸入功能

在以前，作業系統有 16 位元與 32 位元之分，到現在則是有 64 位元，而你所使用的軟體，其位元數不能高於作業系統的位元數，例如軟體是 64 位元，而作業系統是 32 位元，那這時候你 64 位元的軟體是無法在 32 位元的作業系統上運行，但如果軟體是 32 位元，而作業系統是 64 位元，那這時候你 32 位元的軟體是可以在 64 位元的作業系統上運行，而像這種情況，我們就稱之為兼容。

2-11　有趣的編碼

在講解編碼這個概念之前，還是一樣讓我們先回到表：

中文字	二進位數字
顆	1101
蘋	0010
果	1001
相	0011
加	0101
起	1100
來	0111
放	1110
到	0100
號	1111

在上表中，每一個中文字和數字可以用一個二進位數字來代表，而每一個二進位數字又是由四個 0 與 1 所構成的，像這種由 0 與 1 所構成的對象，在本書中我們就稱為編碼，換句話説中文字「顆」，它的編碼就是「1101」，後續以此類推。

當然啦！我也説過，上面那個表也就是那個編碼完全是由我個人自己所虛構出來的產物，在真實世界裡頭是不會有人真的會去用我自己所設計出來的編

碼，那你會問，既然如此，是不是有一套大家都可以共同使用的編碼系統？答案是有的，這就是大名鼎鼎的 ASCII（發音為 æski ）編碼。

ASCII 有一套特定的編碼方式，例如説：

二進位	十進位	十六進位	圖形
0100 0001	65	41	A
0100 0010	66	42	B
. . .	. . .	. . .	. . .
0110 0101	101	65	e
. . .	. . .	. . .	. . .
0110 1100	108	6C	l
. . .	. . .	. . .	. . .
0111 0000	112	70	p

所以，英文單字 Apple 與 ASCII 編碼之間的關係就是：

字母	A	p	p	l	e
二進位	0100 0001	0111 0000	0111 0000	0110 1100	0110 0101

有沒有覺得編碼很好玩也很有趣？其實在歷史上還有一種編碼我相信大家應該或多或少都有聽過，那就是大名鼎鼎的摩斯電碼，由於摩斯電碼不在本書的討論範圍之內，所以對摩斯電碼有興趣的各位可以找找相關資料。

最後，正確來説 ASCII 編碼要稱為美國標準資訊交換碼，其全部的英文名稱為 American Standard Code for Information Interchange，由於美國標準資訊交換碼的內容很豐富，所以我把它放在本書最後面的附錄裡頭，有興趣的各位可以參考看看。

2-12 網路通訊原理概說

講到網路通訊,讓我們先把事情回到太平洋上的 A 國,假如 A 國想要把運算完之後的數字三,寄給在它右邊,也同樣位於太平洋上的 B 國的話:

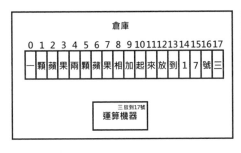

這時候該怎麼辦?

閱讀本書的各位,我相信大家應該都有寫過信的經驗吧?寫信,是一種傳達資訊的方式,同時也開啟了人與人之間的溝通橋樑,只要對方還在地球上的某個角落,原則上你都能夠透過寫信然後跟對方來做溝通。

人與人如此,太平洋上的那兩個小國也是一樣,位於左邊的 A 國想要把數字三傳給右邊的 B 國,這時候的 A 國至少要做的事情有:

1. 準備信封一個
2. 寫上寄件人地址
3. 寫上收件人名稱
4. 寫上收件人地址
5. 準備一張紙,把 3 寫進去
6. 把紙放進信封裡,然後藉由海路傳送給 B 國

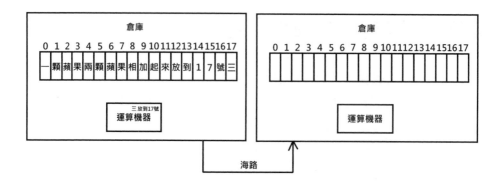

這時候收到信件的 B 國，拿到信封後至少要做幾件事情：

1. 看看寄件人是誰
2. 把信拆開
3. 閱讀紙上的內容

內容很簡單對吧？其實在我們的計算機裡頭，網路傳輸的原理就跟上面寄信的原理也非常類似，只是說，網路傳輸的情況遠比現實生活中的寄信還要來得複雜，而且內容也非常繁瑣，處理信與信封的方式也比較不一樣，怎麼說？

假如現在有一個存放於 A 國的網頁，當 B 國請求 A 國把網頁寄到 B 國去的時候，此時存放於 A 國內的網頁便會被切割成許多小塊，接著把每一個小塊給裝箱，而這些箱子就是所謂的封包，之後對封包寫上寄件人地址與收件人地址，而地址也就是所謂的 IP 位址，然後把內容做加密等動作後寄出給 B 國，而當 B 國收到封包也就是箱子後，則是會把寄件人與收件人的地址等給一一拆開，並且取出箱子也就是封包內的塊，最後把塊給組合成一個完整的網頁，這樣 B 國就可以看到網頁啦！

讓我們來看一下流程：

Step 1 切割網頁，裝成封包：

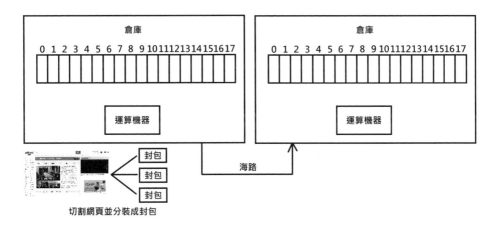

切割網頁並分裝成封包

Step 2 運送封包：

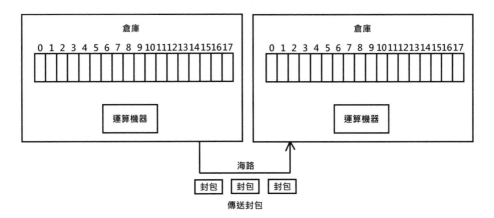

傳送封包

Step 3 組合封包，形成網頁：

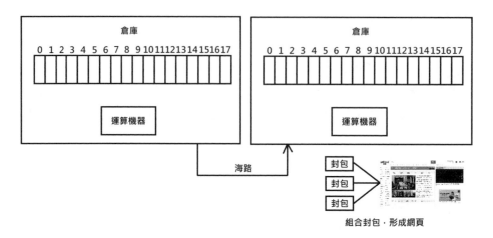

組合封包，形成網頁

上面的內容其實省略了很多的步驟，但沒關係，我們現在只是初學者，暫時先知道這樣就可以了。

本文參考與引用出處

https://tw.yahoo.com/

2-13 程式語言與程式邏輯概說

説到程式語言，就讓我們想起前面倉庫內的這一句話：

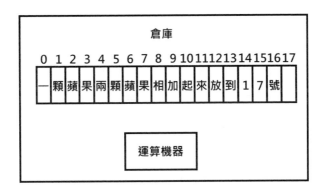

像上面的那一句話：

一顆蘋果兩顆蘋果相加起來放到 17 號

就是一段程式，而程式所用的語言很簡單，就是我們日常生活裡頭常用的繁體中文。

現在，讓我們把上面的這一句話給拆成四小句話，情況像下面這樣：

1. 一顆蘋果
2. 兩顆蘋果
3. 相加起來
4. 放到 17 號

關於上面的內容，你有沒有覺得你好像在指導（或命令）人（或機器）要準備做什麼樣的事情？沒錯，事情就是這樣，程式語言的用途，就是要寫出一段合乎邏輯的內容，進而讓機器來執行，當然你也可以讓人來執行，例如像這樣：

1. 起床

2. 刷牙

3. 洗臉

4. 洗澡

5. 吃飯

6. 穿衣服

7. 出門

上面總共有七件事情，而這七件事情是按照順序所安排出來，如果你改變順序，那事情就不一定會出現你所要的預期結果，讓我們先來看個無傷大雅的情況：

Step 1 起床

Step 2 洗臉

Step 3 刷牙

Step 4 洗澡

Step 5 吃飯

Step 6 穿衣服

Step 7 出門

各位可以看看，當我們把原來的先刷牙後洗臉的順序給對調的話，後面的事情一樣可以合理地進行，但事情如果是這樣子的話，那情況可就不妙了：

Step 1 起床

Step 2 刷牙

Step 3 洗臉

Step 4 穿衣服

Step 5 洗澡

Step 6 吃飯

Step 7 出門

當事情執行到步驟 5 的時候，想必這個人會穿著衣服洗澡，那你想想，當這人從浴室跑出來之時，全身一定會穿著溼透的衣服而跑出來吃飯，吃完飯之後，也一樣穿著全身溼透的衣服出門，而像這種尷尬的場面，我們就稱之為 bug。

在寫程式時，如果 bug 的問題非常嚴重，可能會導致後面的程式而無法執行，以上面的三個範例程式來說，第一個範例完全都沒有 bug，第二個範例縱使有 bug，但卻無傷大雅，至於第三個範例的 bug 問題最嚴重，因為產生的結果就是讓人穿著溼透的衣服出門。

最後要跟各位說的是，在有些情況底下，如果 bug 的問題特別嚴重的話，則會無法執行後面的程式，例如第三個範例的步驟 6，當你媽看到你穿著全身濕透的衣服吃飯時，她肯定不會讓你執行第七的步驟，也就是讓你出門，所以寫程式有一點非常重要，那就是邏輯與合理性等問題。

2-14 軟磁碟與硬碟的簡介

講到軟磁碟與硬碟時，還是讓我們再次地回到倉庫吧：

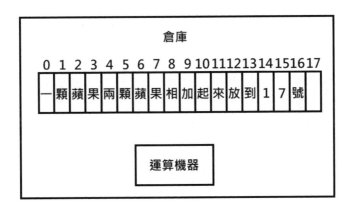

現在大家都知道，倉庫其實就是記憶體，而這種記憶體，可以直接跟運算機器也就是我們前面所提到過的 CPU 來打交道。

倉庫內可以放置程式，但可惜的是，這種可以直接跟運算機器來打交道的倉庫只能暫時地放置程式，也就是說，如果電腦一旦關機，這時候放置在倉庫內的程式就會立刻消失不見，不但如此，這種類型的倉庫也有個大大的問題，那就是容量太小。

基於以上的問題，就有人發明出了一種很特別的倉庫，這種倉庫我們就稱為軟磁碟，軟磁碟也被稱為磁片，其英文名稱為 Floppy Disk，它的功能跟倉庫一樣，都具有儲存的性質在，磁片長這樣（以下引用自維基百科）：

而讀取磁片的機器，我們就稱之為軟碟機 Floppy Disk Drive，簡稱為 FDD，而軟碟機長這樣（以下引用自維基百科）：

如果拾起本書的讀者們生於 1990 年代以前的話，那上面的磁片與軟碟機你可能都還看過，不過由於磁片所能夠儲存的容量還是太小，所以磁片與軟碟機於 1998 年左右便逐漸地被淘汰，後來的儲存設備，便漸漸地成為趨勢，以下的硬碟（英語：Hard Disk Drive，縮寫：HDD）就是其中一個例子（以下引用自維基百科）：

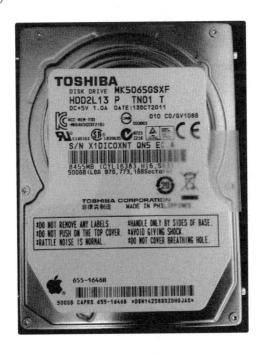

最後，不管是磁片也好，硬碟也罷，目的只有一個，那就是能夠儲存更多的資料，不但如此，它們都還有長期儲存以及電腦關機後資料不會消失的特性在。

本文參考與引用出處

https://zh.wikipedia.org/wiki/%E8%BD%AF%E7%9B%98

https://zh.wikipedia.org/wiki/%E7%A1%AC%E7%9B%98

2-15 資料、資訊與訊息

在我們的日常生活中，我們常常會聽到資料、資訊與訊息這三個名詞，很多人對這三個名詞的涵義常常會搞混，所以在此我們要來釐清這三者之間的基本概念，還是一樣，讓我們不要把事情給想得太難，讓我們來看一個例子。

今天是行銷學上課的第一天，這時候老師說，我們的期中與期末就是交報告，題目的話要跟商業行銷有關，各位可以幾個人一組，最後只要繳交一份報告上來給我就可以了。

於是，這時候班上的阿春、阿夏、阿秋與阿冬四個人便相約好組成一組，然後訂了《北極星汽水銷售量的狀況調查》這個題目，內容很簡單，成員必須得到各個商家去，然後找找相關資訊，並且跟店家要北極星汽水的銷售量，最後探討銷售量的大致情況。

於是這四個人便分別去各個店家來做調查，並相約好四人一起做調查報告，完畢之後，阿春最先報告，其內容如下所示：

我在我家附近的小 3、很 OK、你家與我很富等便利商店做了調查，發現北極星汽水的定價分別是 25 元、24 元、24.5 元以及 24 元等，然後這些便利商店的地點位於交通精華地段，所以每一小時之內平均有 20、18、21 與 17 位來客數，每天平均的銷售量為 78 瓶、52 瓶、49 瓶與 66 瓶……以下略

接下來是阿夏，其內容如下所示：

我在我家附近的小阿發、好買、你發福等大賣場做了調查，發現北極星汽水的定價分別是 18 元、19 元、以及 18 元等，然後這些大賣場的地點也位於交通精華地段，所以每一小時之內平均有 100、97 與 120 位來客數，每天平均的銷售量為 52 瓶、28 瓶與 41 瓶……以下略

接下來是阿秋，其內容如下所示：

我到北部、中部與南部等省道旁的傳統商店去做調查，發現北極星汽水的定價全都是 25 元，然後這些商店的地點並非位於交通精華地段，所以每一小時之內平均只有 6、8 與 3 位來客數，每天平均的銷售量為 12 瓶、5 瓶與 9 瓶……以下略

最後則是阿冬，其內容如下所示：

我到北部、中部與南部等娛樂場所去做調查，發現北極星汽水的定價也全都是 25 元，然後這些娛樂場所的地點位於百貨商場之內，所以每一小時之內平均有 213、96 與 88 位來客數，每天平均的銷售量為 82 瓶、97 瓶與 103 瓶……以下略

上面是這四個人的調查結果，而這些調查結果，我們就稱為資料或數據，英文為 data。

但問題是，這四人必須得把上面的資料給做個歸納、分析與研究之後成一份交給老師，內容如下所示：

研究動機：

由於北極星汽水的銷售量遍及全台，所以我們便對此商品有了研究的興趣

研究目的：

我們想要藉由實地訪問，來了解北極星汽水的實際銷售量，以下是北極星汽水在各個通路的銷售情況：

商店名稱	商店類型	售價	地點	每一小時之內的平均來客數	每天平均的銷售量
小 3	便利商店	25	交通精華地段	20	78
很 OK	便利商店	24	交通精華地段	18	52
你家	便利商店	24.5	交通精華地段	21	49
我很富	便利商店	24	交通精華地段	17	66

商店名稱	商店類型	售價	地點	每一小時之內的平均來客數	每天平均的銷售量
小阿發	大賣場	18	交通精華地段	100	52
好買	大賣場	19	交通精華地段	97	28
你發福	大賣場	18	交通精華地段	120	41
北部	傳統商店	25	省道旁	6	12
中部	傳統商店	25	省道旁	8	5
南部	傳統商店	25	省道旁	3	9
北部	娛樂場所	25	百貨商場	213	82
中部	娛樂場所	25	百貨商場	96	97
南部	娛樂場所	25	百貨商場	88	103

分析內容：

由於大賣場一次叫貨量多，因此，在價格上可以以比較便宜的方式來提供給消費者…以下略

結論：

北極星汽水的銷售其實與其他商品的銷售方式一樣，並無不同…以下略

上面的內容，是對資料來進行整理後所得到的結果，而這結果我們就稱為資訊或信息，英文為 Information。

如果十年後，阿秋突然跟阿春說，阿春啊！我們當年做的那一份報告《北極星汽水銷售量的狀況調查》當中的「分析內容」請你用通訊軟體發給我，而阿春所發給阿秋的「分析內容」，也就是：

由於大賣場一次叫貨量多，因此，在價格上可以以比較便宜的方式來提供給消費者…以下略

就是所謂的訊息。

好啦！講了這麼多，現在，讓我們來統整一下資料、資訊與訊息這三者之間的關係。

所謂的資料，就是透過觀察所得到的一連串結果，例如說一堆報告，而當對資料來進行分析與整理之後，這些資料便會成為了資訊，如果把一段資訊傳送給對方，而這段資訊就是所謂的訊息或消息，英文為 Message。

講這個你有沒有覺得很複雜呢？由於閱讀本書的讀者全都是初學者，我知道對初學者而言，繞這些有的沒有的專有名詞實在是很頭痛，這樣吧！讓我們把鏡頭拉回到我們的日常生活。

我舉個例子，假如你現在位於台北，而現在是星期五的下班時間，突然間你想說，既然是周末，那下班後就乾脆不要回家，來一趟花蓮之旅好了，但花蓮之旅也不是說去就去，你至少得知道下面的情況：

1. 飯店有沒有訂滿
2. 要選擇哪一種交通工具到花蓮
3. 花蓮天氣如何

等等，其實你只要知道這些就可以了，我想說的是，你只要知道你必須要知道的事情就夠了，至於像資料、資訊與訊息等這些專有名詞，那就留給做學問的人去定義就好，你就別想那麼多，最重要的是，在你心中你必須得清楚地明白，你要的到底是什麼，只要把握住這點，你就不會迷失在茫茫的辭海之內了。

本文參考與引用出處

https://zh.wikipedia.org/zh-tw/%E6%95%B0%E6%8D%AE

https://zh.wikipedia.org/zh-tw/%E4%BF%A1%E6%81%AF

https://zh.wikipedia.org/zh-tw/%E8%A8%8A%E6%81%AF

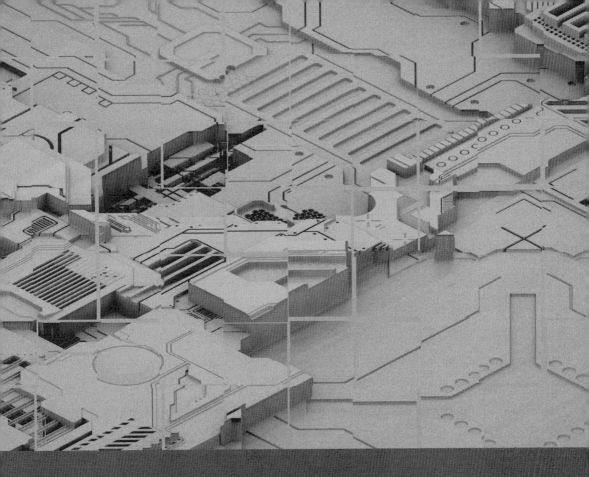

Chapter

03

計算機的種類

3-1 超級電腦

各位都學習過自然科學，所以我想各位應該也都知道，描述自然現象的語言就是數學，在高中以下，對於自然現象的描述往往比較簡單，如果你到了大學以上，那你所碰到的自然現象不但會越來越深入，同時對於描述自然現象的數學模型也會越來越複雜，而這時候求解或者是運算，往往就變成了令人一項非常頭痛的問題，有些描述自然現象的數學模型常常需要花好長的時間來處理，例如從幾星期到數個月等都有。

我舉幾個例子，像是氣象（以下引用自維基百科）：

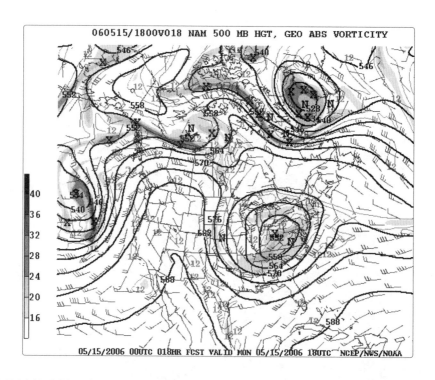

就是以數學模型來描述，其主要是以輸入當下的天氣狀況，經過數學模型的運算之後而得出結果來預測天氣，也就是俗稱的天氣預報。

再舉一個例子，例如建構一個分子模型（以下引用自維基百科）：

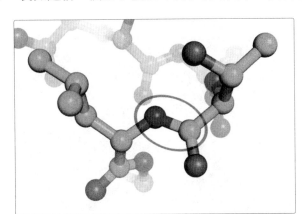

也是需要數學模型，而這數學模型與天氣預測的數學模型一樣，往往都非常複雜。

在那個計算機還沒被發明出來的年代，科學家往往要花上幾個星期，甚至是幾個月的時間才能夠來處理複雜的數學問題，但現在不用了，由於計算機的誕生，往往讓科學家得花上數星期甚至是數個月的時間，現在短時間之內便可以得到答案，而這一切的一切都要歸功於這種非常特殊的計算機，也就是本節的主角-超級電腦（英文為 Supercomputer）

當你看到本節的主題「超級電腦」這四個大字之時，我想你的心中或多或少都油然而生一個想法，既然被稱為超級，那應該是個很強的傢伙對吧？對！沒錯，這主要是說，超級電腦之所以超級，就是因為超級電腦的運算速度非常地快，快到每秒高達一兆次以上。

最後，讓我們來看一下超級電腦的一個範例（以下引用自維基百科）：

這是由 IBM 公司所開發出來的超級電腦 Blue Gene/P ，你看這體積是不是有
夠大。

本文參考與引用出處

https://zh.wikipedia.org/wiki/%E8%B6%85%E7%BA%A7%E8%AE%A1%E7%
AE%97%E6%9C%BA

https://zh.wikipedia.org/wiki/%E6%95%B8%E5%80%BC%E5%A4%A9%E6%B
0%A3%E9%A0%90%E5%A0%B1

https://zh.wikipedia.org/wiki/%E5%88%86%E5%AD%90%E5%BB%BA%E6%
A8%A1

https://en.wikipedia.org/wiki/Supercomputer

3-2　大型計算機

大型計算機,又被稱為大型電腦(英語:Mainframe),還是一樣,看到「大型」二字,想必會讓你覺得這傢伙的來歷一定也不簡單?沒錯,要看到大型電腦的蹤跡那可真不簡單,因為大型電腦往往都是國家級的中型研究中心或者是中型企業在用的電腦,往往小型企業或者是尋常百姓家裡頭是看不到大型電腦的。

講了這麼多,讓我們一起來看看大型電腦長什麼樣子(以下引用自維基百科):

看到此,各位親愛的讀者們一定會問,這大型電腦看起來跟前面所講過的超級電腦很像啊!那這兩者之間的差別在哪裡?

前面說過,大型電腦通常在國家級的中型研究中心又或者是中型企業裡頭才會看得到,也就是說,大型電腦主要處理的對象通常就是與國家或企業事務等比較有關的業務,例如像是人口普查又或者是金融交易等,因此不是拿來做天氣預報又或者是建構分子模型等科學計算,當然也不是拿來給各位打Game 用的,以上就是大型電腦和超級電腦之間的差別。

本文參考與引用出處

https://zh.wikipedia.org/wiki/%E5%A4%A7%E5%9E%8B%E8%AE%A1%E7%AE%97%E6%9C%BA

3-3 工作站

工作站（英語：Workstation）也是一種電腦，只是說這種電腦的功能比你的個人電腦在功能上還要更為強大，讓我們來看看工作站長什麼樣子（以下引用自維基百科）：

工作站常用於工業上，例如電腦輔助製造（英文：Computer-Aided Manufacturing，縮寫：CAM）就是一個活生生的例子，機械工程師使用工作站，並搭配電腦輔助設計（英語：Computer Aided Design, CAD）軟體與數控工具機（以下引用自維基百科）：

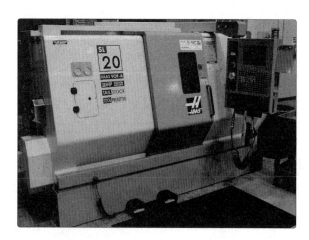

一起來製造工業產品，例如下圖就是一個例子（以下引用自維基百科）：

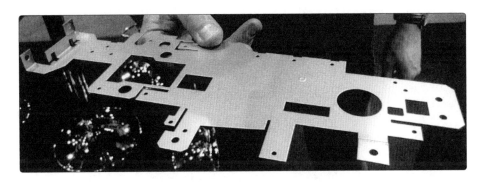

看到此各位便可以知道，計算機不是只把自己給關在學術圈內，而是走出學術圈，並與各個領域來相結合，這不但幫助許多領域的進步，同時更創造出更多的商機。

本文參考與引用出處

https://zh.wikipedia.org/wiki/%E5%B7%A5%E4%BD%9C%E7%AB%99

https://zh.wikipedia.org/wiki/%E8%AE%A1%E7%AE%97%E6%9C%BA%E8%BE%85%E5%8A%A9%E5%88%B6%E9%80%A0

https://zh.wikipedia.org/wiki/%E6%95%B0%E5%80%BC%E6%8E%A7%E5%88%B6

3-4 微型計算機

微型計算機（Microcomputer）又稱為微型電腦，是大家在日常生活裡頭最常見到的一種計算機，以我們目前的社會認知來說，只要一講到電腦，指的就是這種微型計算機。

微型計算機最常見的一個例子就是個人計算機也就是社會大眾所俗稱的個人電腦（英語：Personal Computer，縮寫：PC）（以下引用自維基百科）：

當然啦！微型計算機不是只有個人電腦 PC 而已，舉凡我們小時候的回憶 - 任天堂紅白機（以下引用自維基百科）：

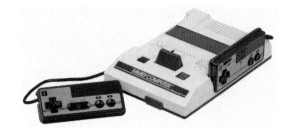

筆記型電腦（以下引用自維基百科）：

平板電腦（以下引用自維基百科）：

以及行動裝置（英語：Mobile device）（以下引用自維基百科）：

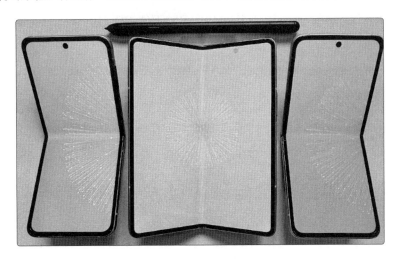

等，全都屬於微型計算機的範疇。

微型計算機的出現，大大地打破了計算機的固有市場，從前面的學習當中我們知道，前面所講過的那些計算機不是在國家級研究中心，就是在企業或工廠裡才見得到，主要是那些計算機不是體積大，就是造價高，而且用途特殊，因此不符合一般民眾的需求。

但打從微型計算機出現了之後，這種市場狹小的窘境便被活生生地打破，微型計算機不但讓每個人都買得起，而且有的微型計算機還可以讓你隨時隨地就直接帶著走，而現今的世界，幾乎大多數的計算機都是屬於這種微型計算機居多，光是手機這一種，我想你多少可以猜一下這數量有多少。

本文參考與引用出處

https://zh.wikipedia.org/wiki/%E4%B8%AA%E4%BA%BA%E7%94%B5%E8%84%91

https://zh.wikipedia.org/wiki/%E9%9B%BB%E5%AD%90%E9%81%8A%E6%88%B2%E6%A9%9F

https://zh.wikipedia.org/wiki/%E7%AD%86%E8%A8%98%E5%9E%8B%E9%9B%BB%E8%85%A6

https://zh.wikipedia.org/wiki/%E5%B9%B3%E6%9D%BF%E9%9B%BB%E8%85%A6

https://zh.wikipedia.org/wiki/%E7%A7%BB%E5%8A%A8%E8%AE%BE%E5%A4%87

3-5　伺服器與客戶端－以遊戲伺服器為例

在講解伺服器之前，各位還記得我們在前面所説過的網路傳輸的基本概念嗎？那時候我們在 A 國當中把網頁給分割，並且透過路徑（也就是海路）來把網頁給傳送到另外一方的 B 國去：

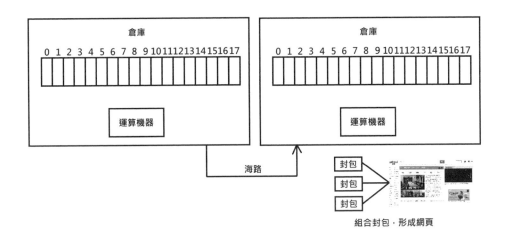

組合封包，形成網頁

像 A 國這樣負責提供網頁的計算機，我們就稱為伺服器（Server），而像 B 國這樣可以發出請求、收到網頁的計算機，我們就稱為客戶端（Client）

讓我們來看一下伺服器的樣子（以下引用自維基百科）：

伺服器不但可以提供網頁，而且也可以提供驗證等資訊，舉個例子，像是遊戲公司它們自己都會架設自己的伺服器，而玩家要玩遊戲之前，都要上網連

線到遊戲公司的伺服器上，圖示如下所示：

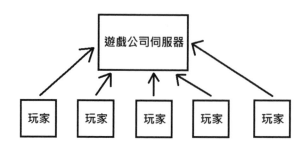

而遊戲公司的伺服器其實也會把資料給傳送到玩家那邊去，因此，通訊是雙方，而非單方：

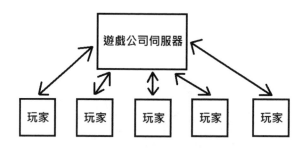

在此，讓我們舉個玩家藉由花費點數來補給血量的例子，流程如下所示：

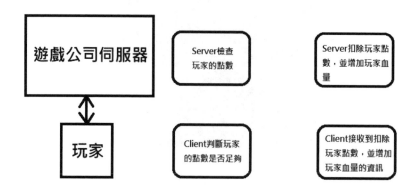

Step 1　Client 的計算機（也就是客戶端，例如你的手機）會先判斷玩家的點數是否足夠？如果足夠，則 Client 便會向遊戲公司的伺服器來發出請求：

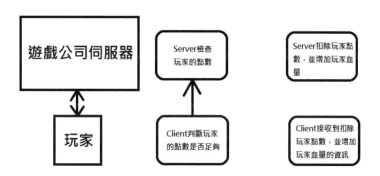

Step 2　Server（也就是遊戲公司伺服器）會檢查玩家的點數是否足夠：

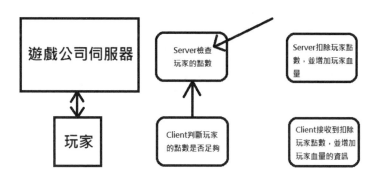

Step 3　假如足夠，則 Server 扣除玩家點數，並增加玩家血量：

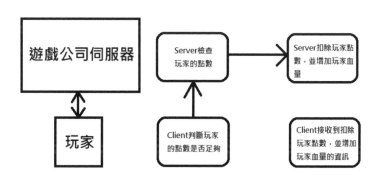

Step 4 Server 發出資訊，告訴 Client（也就是玩家）已經把點數給扣除，並且增加了玩家的血量：

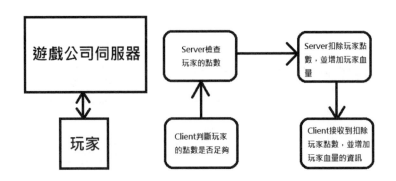

以上的過程，就是各位所熟悉的遊戲運作方式。

當然啦！這種遊戲的運作方式只是一種而已，也有不需要透過網路來連上遊戲公司伺服器的遊戲，那也許你會問，玩家幹嘛一定得透過網路連線到遊戲公司的伺服器上，那事情多麻煩？

人家遊戲公司也是要賺錢的，你以為遊戲都可以免費讓你玩，而你都不用花錢嗎？再說，不需要經由遊戲公司伺服器來檢查玩家的遊戲點數，通常玩家都可以用作弊的方式來修改遊戲金幣，那如果人人都這樣做，那你說遊戲公司還靠什麼來賺錢？

本文參考與引用出處

https://zh.wikipedia.org/wiki/%E6%9C%8D%E5%8A%A1%E5%99%A8

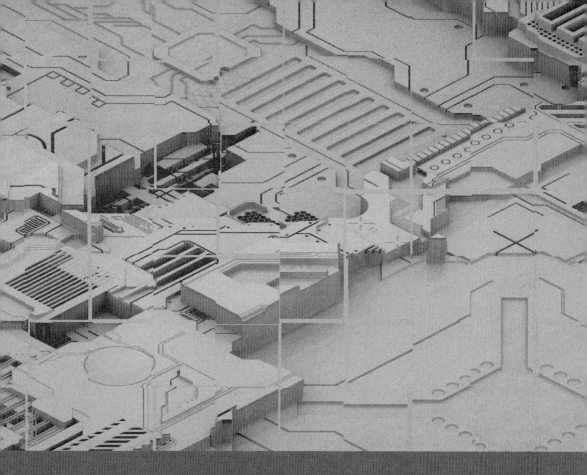

Chapter

04

知識加油站

4-1 前言

對於前面的學習，我相信大家應該都已經對計算機有個基本概念了，因此，我們特別開闢了本章，而內容主要是針對前面的知識來做些深入性的介紹與補充，當然，有一些內容還帶有反省，並且試著了解未來的趨勢在。

之所以這樣做，主要的目的就在於了解過去、了解現在，進而找出更多的商機而走向未來，講白一點，拾起本書的各位不但要從本書當中取得知識，而且還得跟自己本身的興趣或專長相結合在一起，進而讓自己有個明確的方向來面對未來。

當然啦！由於這部分只是一個章節而已，所以對於某些主題僅止於概念性的說明而已，在後面的章節當中，我們會把前面所說過的內容再稍微加深，必要時有的主題還會專開一章來特別說明，

最後，如果有些主題的內容你要是覺得過於困難的話，那你可以暫且先跳過沒關係，以後有興趣的話再回過頭來看看即可。好了，開場白結束，接下來，就讓我們開始本章的內容吧！

4-2 暫存器簡介

暫存器，各位就想像成暫時存放的容器，暫存器有點像是日常生活當中的抽屜那樣，你可以把東西給臨時放進抽屜裡頭去之後，不到幾秒就快速地拿出來，這樣想暫存器各位會比較好理解。

讓我們回到電腦，請各位先看看下圖：

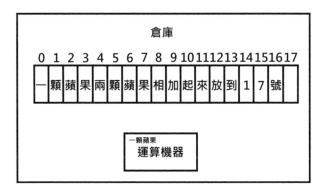

在上圖中，我們執行了程式：

1. 一顆蘋果（位於倉庫當中的 0 號）
2. 兩顆蘋果（位於倉庫當中的 4 號）
3. 相加起來（位於倉庫當中的 8 號）
4. 放到 17 號（位於倉庫當中的 12 號）

在這當中，我們把「一顆蘋果」給放進運算機器裡頭去，接著把「兩顆蘋果」也給放進運算機器裡頭去，其實事情可以簡化成這樣：

1. 1
2. 2
3. 相加起來
4. 放到 17 號

也就是把 1 與 2 給相加起來之後而得到 3，之後把 3 給放進倉庫當中 17 號的
地方，而這個數字 1 被放進運算機器裡頭去之時，是放在運算機器當中的一
個暫時存放的容器之內，也就是本節所要說的暫存器裡頭去，情況如下圖所
示：

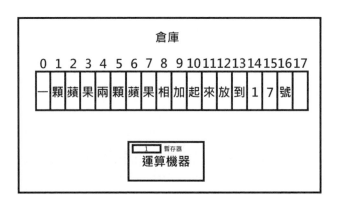

暫存器的大小，也是有單位的，而這單位我們在計算上用的是位元，例如說
8 位元暫存器，以把二進位數字 1 給放進 8 位元的暫存器，也就是上圖中的
情況為例，則放置狀況如下所示：

暫存器								
7	6	5	4	3	2	1	0	位元
0	0	0	0	0	0	0	1	數值

要注意的是，暫存器是 8 位元，而第一個位元要從 0 來開始算起。

通常我們稱 CPU 或者是作業系統是多少位元，就是以暫存器的大小為主，例
如說 8 位元、16 位元、32 位元與 64 位元等，而這種位元數不是死的，是隨
著技術的發展而異，本書在撰寫時，目前的暫存器已經可以到 64 位元，至
於未來會如何，那就以未來的情況為主。

4-3　主機板簡介

主機板（英語：Motherboard, Mainboard，簡稱 Mobo），是一塊板子，這塊板子的上頭連接著許多電子元件以及布局了密密麻麻的電路，而我們前面所講過的 CPU 與記憶體，就是插在主機板上，這樣講太抽象了，讓我們來看個實例（以下引用自維基百科）：

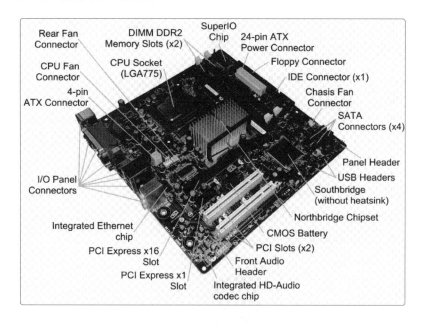

上圖是一張個人電腦 PC 的主機板。

原則上，不同的計算機，會有不同的主機板，但話雖如此，不同的主機板在原理與構造上大多雷同，而整個電腦的結構，就是主機板與主機板上的電子元件。

本文參考與引用出處

https://zh.wikipedia.org/zh-tw/%E4%B8%BB%E6%9D%BF

4-4 硬體的基本概念

在講解硬體這個基本概念之前，讓我們先來看個例子，並從這個例子當中來想想，什麼是硬體（Hardware）。

對於硬體最簡單的概念，那就是我們的人體，我打個比方來說好了，身體就像是個容器，而在這個容器裡頭則是裝了許多器官，像是心臟、肝臟、腎臟與大腦等等，所以你的身體是一種可以摸得到、觸碰得到的物理裝置，而這種物理裝置，我們就稱為硬體。

現代人對於硬體的指向有愈來越廣的趨勢，例如說公園內的溜滑梯、單槓與椅子等設施也可以稱為硬體。

對於硬體，我們已經稍微有了基本概念，現在就讓我們回到我們的電腦。

在我們的電腦當中，硬體或電腦硬體（英語：Computer Hardware）的基本概念就跟上面的情況非常類似，例如我們前面所講過的 CPU、記憶體還有主機板等，那些全部都是硬體，讓我們以個人電腦為例，看看在個人電腦當中有哪些硬體（以下均引用自維基百科）：

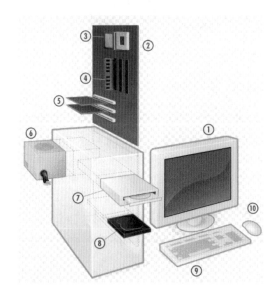

在上圖中，編號的硬體為：①顯示器、②主機板、③中央處理器（也就是前面說過的 CPU）、④隨機存取記憶體（也就是前面所說過的倉庫）、⑤擴充卡、⑥電源供應器、⑦光碟機、⑧硬碟與固態硬碟、⑨鍵盤、⑩滑鼠

在此，我們對於個人電腦的硬體設備先大概知道這樣就好，暫時不要去深究，以後有機會，我們再來討論。

本文參考與引用出處

https://zh.wikipedia.org/wiki/%E7%A1%AC%E4%BB%B6

4-5 軟體的基本概念

上一節，我們學了硬體的基本概念，那聰明的你一定會問，既然有硬體那應該也有所謂的軟體對吧？沒錯，那所謂的軟體又是怎麼一回事？

在講軟體之前，還是一樣讓我們不要把事情給弄得太高太遠太複雜，各位有玩過電腦遊戲或手機遊戲對吧？沒錯，我相信大家應該都有玩過電腦遊戲或手機遊戲，而電腦遊戲或手機遊戲，就是屬於軟體，例如下面這款遊戲《Freeciv》就是一個活生生的例子：

到此，各位對於軟體有沒有稍微有一點概念？

其實軟體（英語：Software）跟硬體是完全不一樣的東西，讓我們來思考這其中的差別，你可以用手摸得到像是主機板這樣的硬體，但你能用手來摸像遊戲這樣的軟體嗎？答案是不行，硬體是日常生活中實際存在的東西，所以你可以用手摸得到，但軟體不一樣，軟體就像你玩的遊戲那樣，你只能在遊戲中下指令給主角，並要主角幹什麼，但你卻無法用手來觸摸到遊戲，這就是軟體與硬體之間的最大區別。

講了這麼多，我們還沒對軟體來做個解說，到底什麼是軟體？其實軟體就是我們前面所講過的程式，各位還記得那個把蘋果給相加起來的程式吧？你想像一下，如果把蘋果相加起來的程式給不斷擴充，並加了很多內容進去，這樣，這個程式就會變成了軟體，就像上面的遊戲那樣囉！

本文參考與引用出處

https://zh.wikipedia.org/wiki/%E7%BD%91%E9%A1%B5%E6%B8%B8%E6%88%8F

4-6 產品開發的世代演變－以家用遊戲機為例

其實在撰寫本節之前，我本來打算要用一般電腦來當例子，但我覺得以一般電腦來當例子各位可能會覺得有點無趣，畢竟那離各位的生活世界有點遠了，想了想，我決定還是以遊戲機為例子，尤其是家用遊戲機，那你一定是最有興趣了。好了，話不多說，讓我們來開始吧！

拾起本書的讀者如果生於 1980 年代的話，那我想對於計算機的演變，各位可以說是最清楚不過的了。

在我小時候的 1980 年代，我記得我第一次接觸的個人電腦是 386，且搭配的作業系統是 DOS，至於打遊戲嘛！那時候的遊戲機就屬前面所講過的任天堂

紅白機最為流行，不過後來還有其他廠商也陸續推出更多的遊戲機，像是由 SEGA 所推出的 Mega Drive（以下引用自維基百科）：

SEGA Saturn（以下引用自維基百科）：

等就是其中的兩個例子。當然啦！任天堂在機器的開發方面也不會只停留在紅白機之上，1990 年代所推出來的超級任天堂就是其中一個例子（以下引用自維基百科）：

上面這些例子全都陪伴過我們的童年時光，重點是，它們全都是計算機。

生於 2000 年以後的讀者們，各位可能都沒看過紅白機以及紅白機遊戲，在此我舉一個任天堂紅白機遊戲的例子 -《大金剛》（以下引用自維基百科）：

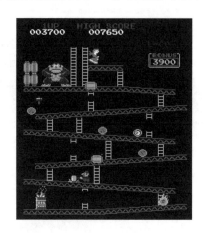

紅白機的 CPU 是 8 位元，各位可以看一下，以當時的技術來講，遊戲能做到這樣就已經很棒了，雖然紅白機已於 2003 年 9 月 25 日正式宣告停產，但其所累積的銷售量卻高達 6000 萬台以上，從這個數字當中你就知道，紅白機的魅力在 1980 年代可真是讓許多人度過了快樂時光。

接下來，讓我們來瞧一眼紅白機的主機板（以下引用自維基百科）：

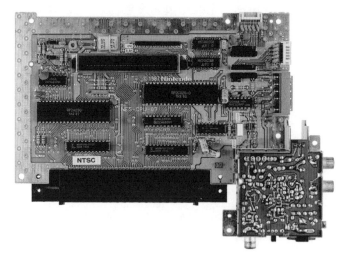

你看，紅白機的主機板是不是跟電腦的主機板很像？

以當時的 1980 年代來講，紅白機在功能上仍然相當有限，尤其是畫質，以現今的角度來看，紅白機的畫質那簡直就是非常粗糙，如果拾起本書的讀者們生於 2000 年之後，我想你一定會覺得非常不可思議，當時的遊戲品質竟然會是這樣。

有這種念頭的讀者，您可不能這樣想，畢竟當時有當時的侷限，重點是，技術是會進步，而產品也會代代演變，而這種進步與演變，有的是由自家公司來推展，而有的則是由別家公司來製作，像是由 SEGA 公司所推出來的遊戲產品，在畫質上確實比任天堂紅白機還要來得好，讓我們來看個在 Mega Drive 上所執行的遊戲 -《音速小子》（以下引用自維基百科）：

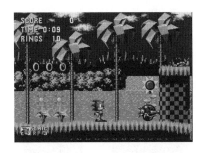

你有沒有覺得，音速小子在畫質上比紅白機還要好很多？

接下來，讓我們來瞧一下 Mega Drive 的主機板（以下引用自維基百科）：

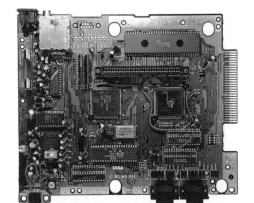

有沒有看到，Mega Drive 的主機板也跟電腦主機板很像？

上面全都是 1990 年代（含）以前的產物，而之後的遊戲機在開發上進入了一個新的世代，那就是 PlayStation 簡稱為 PS 的誕生。

截至目前為止，PS 一共發展出了五代，而且一代比一代還要好，首先是第一代（以下引用自維基百科）：

第二代（以下引用自維基百科）：

第三代（以下引用自維基百科）：

第四代（以下引用自維基百科）：

第五代（以下引用自維基百科）：

讓我們來看一下第五代也就是 PS5 的畫質，以《EA SPORTS ™ FIFA 22》為例子（引用自 PS5 官網）：

你有沒有覺得，PS5 的畫質看起來比紅白機還要棒很多？

我之所以提這個，主要就是要告訴各位，計算機與其相關的產品，不是那種一次做好，然後十年或百年不變的那種產品，而是會隨著技術的進步而進步。

紅白機、SEGA 與 PS 等，都是在標誌著計算機技術的進步，而這些，全都是產品開發的一個必經過程，如果拾起本書的各位是電子相關科系的同學，你也可以問問自己，將來畢業後有沒有興趣擔任資訊產品演化的幕後推手。

本文參考與引用出處

https://zh.wikipedia.org/zh-tw/%E4%B8%96%E5%98%89

https://zh.wikipedia.org/zh-tw/%E4%BB%BB%E5%A4%A9%E5%A0%82

https://en.wikipedia.org/wiki/Donkey_Kong_(video_game)

https://zh.wikipedia.org/wiki/Mega_Drive

https://en.wikipedia.org/wiki/Sonic_the_Hedgehog_(1991_video_game)

https://en.wikipedia.org/wiki/Nintendo_Entertainment_System

https://zh.wikipedia.org/zh-tw/PlayStation

https://www.playstation.com/zh-hant-tw/ps5/games/

4-7 計算機的應用－醫學超音波檢查機器

各位知道嗎？在以前那個醫學不發達的時代，做一項醫學治療對醫生與患者來說往往都是一件非常痛苦的事情，例如以麻醉來說好了，在麻醉藥還沒被發明出來以前，外科醫生動手術那可是直接來。

好在科學的發達，後來終於發明了麻醉藥，麻醉藥的誕生可以說是減輕了患者與醫生的折磨，你想，是有多少醫生可以在邊開刀時邊聽患者的慘叫聲？

我們的計算機也是一樣，自從計算機導入進醫學這個領域之後，對醫生來說，醫生不但可以精確地找出病因，對患者來說，也省去了一筆活生生的折

磨，例如醫學超音波檢查機器就是一個很棒例子（以下引用自維基百科）：

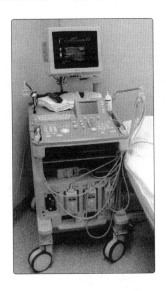

上圖是一台醫學超音波檢查機器，醫生藉由線陣探頭（以下引用自維基百科）：

來探測人體內的狀況，例如胎兒（以下引用自維基百科）：

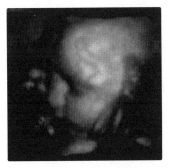

▲ 圖一　29 周大的胎兒

或心臟（以下引用自維基百科）：

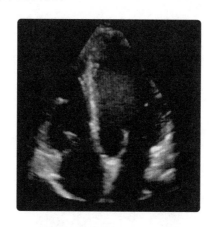

的狀況。

醫學超音波檢查機器的誕生，就是藉由物理學原理與計算機科學技術所發明出來的醫療產品，有了這項醫療產品，醫生再也不需要對患者進行侵入性治療就可以直接知道患者體內的狀況，也就是說，如果醫生想要知道患者體內的心臟狀況，醫生不需要把病人推入手術房並開刀後觀察，這件事情用醫學超音波檢查機器就可以直接搞定了，你說，這對醫生和患者而言，是不是一大福音？

醫學超音波檢查機器對人類的健康來說，確實是非常有必要而且也是一項很重要的發明，不但如此，有的發明不只使用了計算機科學的技術，而且還結合了傳統，並因此而誕生了越來越多人性化的新產品，例如我們下一節所要介紹的智慧型冰箱，就是一個活生生的例子。

本文參考與引用出處

https://zh.wikipedia.org/wiki/%E5%8C%BB%E5%AD%A6%E8%B6%85%E5%A3%B0%E6%A3%80%E6%9F%A5

https://en.wikipedia.org/wiki/Medical_ultrasound

4-8 計算機的應用－智慧型冰箱

冰箱，是大家在日常生活裡頭都會用到的家電產品，你知道嗎？冰箱最早在 1834 年被發明出來，當年所發明的冰箱我找不到，比較古老的，就是下面這台 1927 年由奇異公司（General Electric，也被稱為通用電氣公司）所發明出來的冰箱：

這台冰箱要價當時候的 525 元美金，折合目前新台幣多少錢呢？這我也不知道，有興趣的各位可以自己去算一算，但可想的是，這價格應該不斐。

你可以看一看，這台冰箱的外表非常陽春，跟我們現在所看到的電冰箱，那可真是完全不一樣：

好了！讓我們把時間給拉回到 1980 年代，在 1980 年代初期，有一台可樂販賣機跟網路連線，並且還透過網路來檢查這台販賣機裡頭，可樂的庫存量還有多少，這種對販賣機的設計，在當時來說還真是非常奇特，於是後來就有人在想，這世界上的機器，是否都能夠與計算機技術結合在一起，並透過網路的方式來相連呢？

當然可以，因為大名鼎鼎的物聯網，就因此而誕生了。

既然販賣機可以連結到網路，那我們的電冰箱是不是也可以這樣做？答案是可以的，1997 年韓國的 LG 公司當時便投下了 4920 萬美元來著手研發一種有別於傳統冰箱，也就是本節的主角 - 智慧型冰箱：

這種智慧型冰箱跟上面說過的，可以連線的可樂販賣機一樣，都是物聯網構思底下所發明出來的一種新產品，不但如此，智慧型冰箱還具有人性化的操作面板：

接下來，讓我們來說說智慧型冰箱的幾個優點，智慧型冰箱的主要優點就在於：

1. 冰箱連線到網路，消費者可直接對商家下單來購買食材
2. 內建攝影機，消費者不需要開冰箱門就可以從操作面板上來觀察冰箱內的食材
3. 提供電子筆、資料備忘錄
4. 提供食物的新鮮度、營養以及食譜等訊息
5. 內建喇叭
6. 有 MP3 播放器

等等，另外就是，智慧型冰箱所發出來的噪音，只有 23 分貝左右，是傳統電冰箱的一半，所以在此我們可以期望未來的主婦們，如果您的家裡頭放置了這麼樣一台的智慧型冰箱的話，那屆時就可以享受邊做菜，邊聽音樂或電台的幸福生活。

也許你會覺得很新鮮，傳統的電冰箱竟然能夠跟計算機結合在一起，並且具有這般的發明，但可惜的是，智慧型冰箱的售價往往都不便宜，有的售價甚至是超過 2 萬美金（此為維基百科資料，原文為 more than $20,000）

講了這麼多，現在讓我們再來看另一款真實世界當中的智慧型冰箱：

這台智慧型冰箱是由韓國三星電子公司所研發，基本功能跟上面我所說的基本功能都差不多，其中一個有趣的地方就在於，冰箱所內建的攝影機可以對冰箱內的食材來做拍照，拍完照片之後透過網路把照片傳送到消費者的手機裡，這樣一來，消費者就不會重複購買食材，你看，這種傳統的家電產品，跟計算機技術結合起來之後，是不是就有了一個新生命？

但話雖如此，這台智慧型冰箱可要價不斐，一台要二十多萬台幣，所以如果你是公司老闆或產品研發人員的話，那你就得仔細想想，你如何藉由降低開發成本，來降低智慧型冰箱的售價，不然高售價的結果，帶來的可能後果就是產品滯銷，而產品滯銷對公司發展與商業形象來說，都非常不利。

本文參考與引用出處

https://zh.wikipedia.org/zh-tw/%E5%86%B0%E7%AE%B1
https://en.wikipedia.org/wiki/Refrigerator
https://en.wikipedia.org/wiki/Internet_Digital_DIOS
https://zh.wikipedia.org/wiki/%E7%89%A9%E8%81%94%E7%BD%91
https://fashion.ettoday.net/news/722851

4-9 思考題

前面，我分別舉了醫學超音波檢查機器與智慧型冰箱來當例子，之所以會這樣舉是有原因的。

醫學超音波檢查機器對人類的健康來說，非常重要，因此，醫學超音波檢查機器有其必要性，但智慧型冰箱那可就不一樣，有的人認為，智慧型冰箱的售價過於高昂，而且也沒有購買的必要性，因為傳統的電冰箱就已經夠我用了，那現在問題來了：

1. 你認為有沒有必要購買一台智慧型冰箱？為什麼？請說說你的論點
2. 如果是你，你會買一台智慧型冰箱放在你家裡頭嗎？為什麼？也請說說你的論點

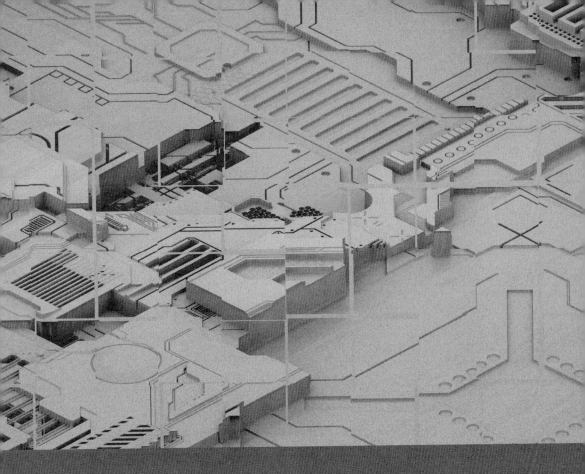

Chapter

05

軟體的基礎知識

5-1 前言

Mastercam 是一款電腦輔助製造的應用軟體，工程師如果要製造零件，就在 Mastercam 中做相關設定（下圖引用自 Mastercam - 新知造科技的 Fabcbook）：

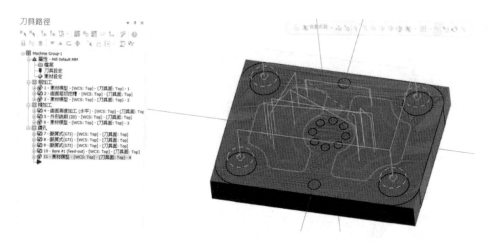

最後就可以把零件給製造出來，而像 Mastercam 這種應用軟體，就是本章所要討論的主角。

計算機在今天之所以能夠這麼地蓬勃發展，其中的功臣之一就是民眾對於軟體的使用，例如上面所講的 Mastercam 就是其中一個例子。

其實軟體的分類有很多，而且應用的領域也很廣，但總而言之，軟體至少可以分成兩大類：

1. 系統軟體
2. 應用軟體

而你平時在用的通訊軟體 Line、三國遊戲、還有上面的 Mastercam 等那全都是屬於應用軟體的類別，至於系統軟體，最典型的代表例子就是像 Windows 那樣子的作業系統。

好啦！關於軟體的故事還有很多要講，在此，讓我們先知道個大概就好。

本文參考與引用出處

https://www.facebook.com/Mastercam4Newmake

https://www.facebook.com/Mastercam4Newmake/photos/a.240342674498439/28
1613130371393/

5-2 人性化操作的設計

前面我曾經舉家用遊戲機當例子，說明計算機的開發是代代演進，而且新的一代還會比前一代更好，而這事，用在我們的軟體上也真可得到個印證，這怎麼說呢？

各位現在是活在 2022 年，而各位目前所使用的作業系統，不是長這樣：

就是長這樣（以下為 iOS 15，引用自維基百科）：

各位使用作業系統很簡單，不是拿滑鼠就是用手指點一點，可是你知道嗎？在我小時候的那個 1980 年代，那時候我們的作業系統長這樣（以下是 FreeDOS，原版的 DOS 作業系統我已經找不到了）：

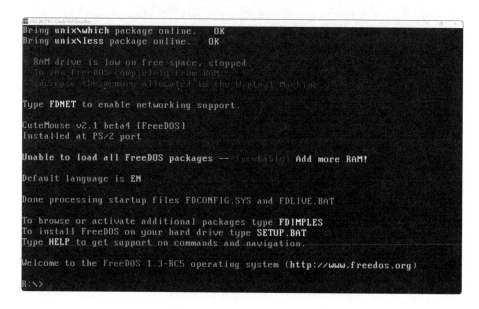

如果要操作這套作業系統，你無法用滑鼠也無法用手指，你只能輸入像下圖
當中「dir」這樣的命令：

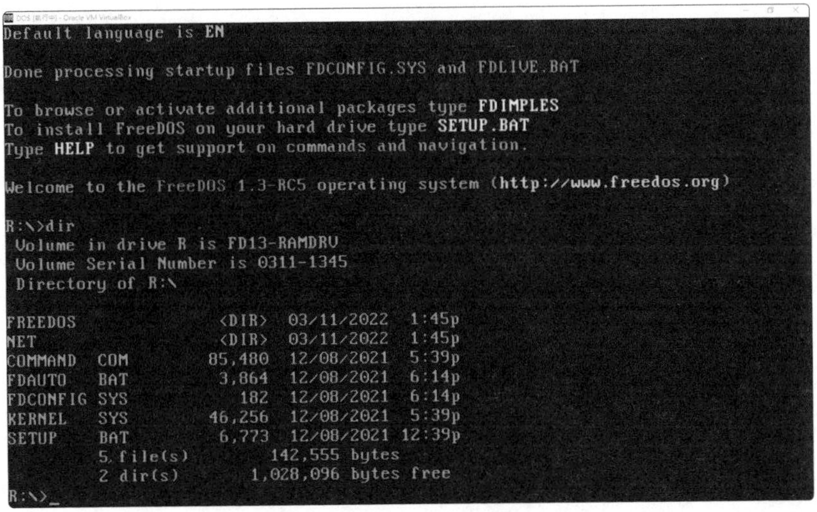

生在 2022 年的各位，我猜你一定完全無法想像，自己每天都在用的作業系
統，不管是個人電腦的作業系統 Windows 也好，又或者是手機作業系統 iOS
也罷，這些作業系統的前輩竟然就長得跟上面的 DOS 那樣難以使用，當年我
就讀小學，身邊在沒有專業人士的指導之下，一分鐘之後，我就放棄了，直
到 Windows 作業系統的出現，我才重新玩起電腦。

處在 2022 年的我現在回想起來，當年能夠使用電腦的人，大概只有受過訓
練的專業人士才能夠使用，不然一般民眾是很難去使用電腦，這告訴了我
們，軟體要設計得人性化，才能夠得到消費者的廣泛使用，而廣泛使用，民
眾才會下手購買，民眾下手購買，與計算機相關的產業才會因此而蓬勃發
展，不但如此，也讓計算機這個現代科技產品從原本的學術與國防領域，漸
漸地走向民間，並因此而深入普羅大眾的現代生活裡。

本文參考與引用出處

https://en.wikipedia.org/wiki/IOS_15

5-3 淺談作業系統

學生時代，我曾經在工廠裡頭打工過，有一天，我看到了一個非常有趣的場景，有一位秘書兼工程師的人，她正在操作電腦，然後我就看到那台電腦正在同時執行下面的工作：

Step 1 開啟瀏覽器，也就是俗稱的上網

Step 2 開啟會計資訊系統

Step 3 播放音樂

Step 4 執行股票即時分析軟體，也就是俗稱的看盤軟體

Step 5 與電腦連結的印表機正在列印員工的薪資

Step 6 隨身碟裡頭正儲存著機械加工圖

這種情形我相信你一定不陌生，尤其對學生來說，在漫長的暑假裡頭也會用計算機來做類似的事情：

Step 1 開啟遊戲軟體

Step 2 寫報告

Step 3 開啟瀏覽器

Step 4 播放音樂

Step 5 列印你的作業

Step 6 開啟你 D 槽當中的片片

等等一連串族繁不及備載的事情。

上面兩種情境，都有個共同的特徵，那就是讓電腦在同一時間裡頭，同時做許多事情，而之所以能夠這樣做，最大的功臣就是作業系統，作業系統之所以被設計出來，最大的目的就是能夠管理整個電腦的運行，同時也包括管理許許多多正在運行當中的軟體，就像上面那兩個情境那樣。

這種事情別說個人電腦的作業系統辦得到，連手機作業系統也沒問題，所以你也可以拿著你心愛的愛瘋（iPhone）或安卓（Android）手機，一邊上網一邊聽音樂與一邊打三國的原因就在於此了。

也許各位會說，這樣操電腦，會不會把電腦給活活操死？你放心，答案是不會，電腦不是人，所以不會像我們一樣會喊累，計算機只會忠心地執行 0 與 1 而已，其他電腦什麼都不知道，所以我的高中老師曾經告訴過我，計算機其實是一個很笨的機器，現在回想起來，老師當年說的這句話還真令我非常有感。

5-4　電腦的啟動原理概說

說實話，我一直在猶豫要不要寫這一節，因為電腦的啟動原理實在是很難只用個三言兩語就能夠全部講完，但話雖如此，我想初學者們還是要稍微地了解一下電腦的啟動原理，哪怕只是個概念都好，要是各位覺得本節的內容過於困難的話，那就跳過本節，繼續往下閱讀去。

我們都有打開過電腦的經驗，對像我這種使用者而言，電腦的啟動方式那還不簡單，只要按下個電源鍵之後，不用多想，幾秒鐘之後就一切搞定，對像我這種使用者來說，事情確實是這樣，但是對電腦設計者來說，這一連串看似簡單的動作，其背後所要做的事情，那可真是幾套學問都講不完，正所謂台上三分鐘，台下十年功，我覺得這句話套用在此也是非常適合。

好啦！講這麼多，現在就讓我們來看看電腦的開機流程吧！不過先說好，這裡只是講個非常簡單的簡介而已，其實真正的開機流程，那可是非常複雜。

電腦的開機流程大致如下，請各位配合下圖來輔助閱讀（下圖當中的圖片均引用自維基百科）：

$\boxed{Step\ 1}$ 按下電腦上的電源鍵（1）

$\boxed{Step\ 2}$ 啟動 CPU（2）

$\boxed{Step\ 3}$ 放在 ROM 裡頭一種被稱為基本輸入輸出程式 BIOS 被複製到 RAM 當中（3）

$\boxed{Step\ 4}$ BIOS 執行程式，並把文字等送到顯示器上，目的是顯示計算機的運行狀況（4）

$\boxed{Step\ 5}$ BIOS 找到存放在硬碟當中的作業系統（5）

$\boxed{Step\ 6}$ 把作業系統給放進 RAM 裡頭去（6）

$\boxed{Step\ 7}$ 成功執行作業系統（7）

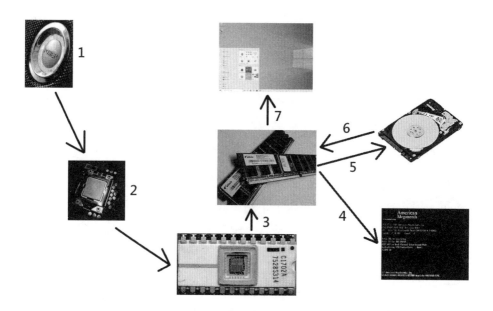

以上就是電腦的開機流程簡介，我們大概先知道這樣就好了，原則上電腦的啟動目的，其實就是把作業系統給放進（或裝載）進 RAM 裡頭去，只要把握這個原理原則，就把握到電腦啟動原理的主要目的。

本文參考與引用出處

https://kknews.cc/digital/2254yzy.html

https://zh.wikipedia.org/wiki/%E4%B8%AD%E5%A4%AE%E5%A4%84%E7%90%86%E5%99%A8

https://en.wikipedia.org/wiki/Read-only_memory

https://zh.wikipedia.org/wiki/%E9%9A%8F%E6%9C%BA%E5%AD%98%E5%8F%96%E5%AD%98%E5%82%A8%E5%99%A8

https://zh.wikipedia.org/wiki/%E5%8A%A0%E7%94%B5%E8%87%AA%E6%A3%80

https://zh.wikipedia.org/wiki/%E7%A1%AC%E7%9B%98

https://zh.wikipedia.org/wiki/Windows_10

5-5　軟體與硬體的合作

有一句話說得好，叫做「巧婦難為無米之炊」，這句話表面上的意思是說，手藝再好的婦女，如果沒有做飯的材料，那飯是做不出來的，當然啦！我們也可以用另外一個角度來思考這件事情，就算真有做飯的材料，但沒有會做飯的廚師，那飯也一樣是做不出來的。

換句話說，做飯的材料與廚師，二者必須共存，這事才能成功，引申來講，如果做事時缺乏必要的條件，那事情是很難做得成的，恰巧，這句話用在軟體與硬體之間的合作關係也是剛好，還是一樣，讓我們不要把事情給想得太複雜。

我舉個例子，在很早很早以前，那時候的電腦遊戲全都是平面遊戲，也就是俗稱的 2D 遊戲，2D 遊戲長這樣（以下引用自維基百科）：

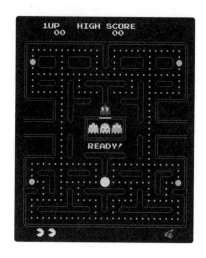

之所以如此，主要是礙於當時候硬體的能力就只能做到這樣，直到後來，工程師對於軟硬體不斷地開發，於是後來 3D 遊戲便因此而誕生了（以下引用自維基百科）：

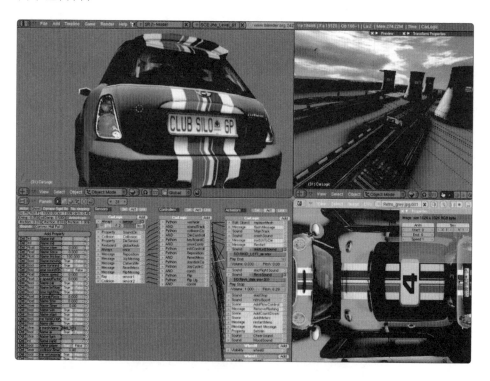

也就是説，想要跑像是 3D 遊戲的這種軟體，還需要硬體來支援，換句話説，硬體的能力，在某個程度上決定了軟體的發展。

我們的作業系統也是一樣，前面説過，作業系統也是軟體的一種，只是説作業系統很特殊，那是一種專門在管理計算機運行的系統軟體，而像作業系統這種軟體在運行上，也是一樣需要硬體來輔助，其中，最大的幕後推手，便是前面所説過的 CPU，也就是説，CPU 的能力，會決定作業系統的發展。

也許你會問，既然如此，那 CPU 跟作業系統之間，到底是有著什麼樣的合作關係？關於這一點，我們之後會説。

本文參考與引用出處

https://en.wikipedia.org/wiki/Pac-Man

https://en.wikipedia.org/wiki/Game_engine

5-6 遊戲的排隊方式

在講本節的主題之前，讓我們先來想一個例子。

在一間充滿小孩子的遊樂場之內，有一款特別受歡迎的遊戲，這款遊戲的名字叫做親子大冒險，親子大冒險總共有 5 關，而玩家要通過 5 關之後才算完成遊戲，由於這款遊戲實在是太受歡迎了，因此，想要玩的人就很多，這時候就會出現排隊的情況。

那現在問題來了，如果你是遊樂場的管理員，你要怎樣安排小朋友們來玩親子大冒險這款遊戲呢？

第一種方法，也是最傳統最常見的老方法，那就是誰先來，誰就先玩，換句話説，採先來先贏制，先來者先玩遊戲，其他人則是在後面慢慢排隊，讓我們來看圖：

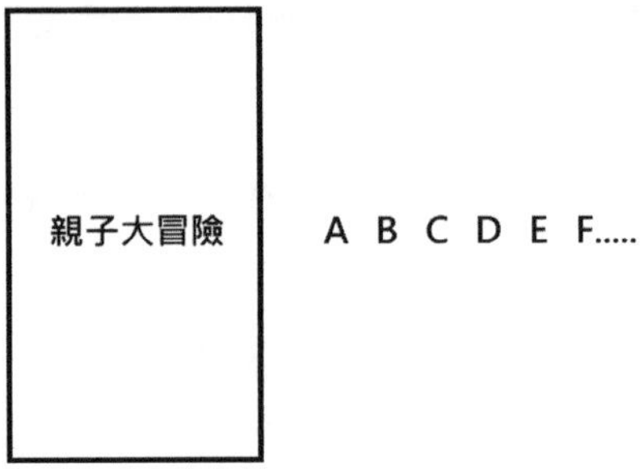

親子大冒險　　A B C D E F.....

上圖中，A、B、C、D、E、F……等等全都是小朋友。

親愛的各位讀者們，第一種方法是各位在日常生活裡頭最常見，同時也是最好處理的一種方法，但如果現在要你拋開社會規則，或者是你的生活常識的話，那你還有沒有別的方法來處理這些小朋友們的排隊問題呢？

也許你會說，可以限制進去的小朋友的遊戲時間，時間一到，不管是誰都要出來，至於後面沒玩到的部分，那就只能自己負責，這就是屬於第二種的排隊方式，讓我們來看圖：

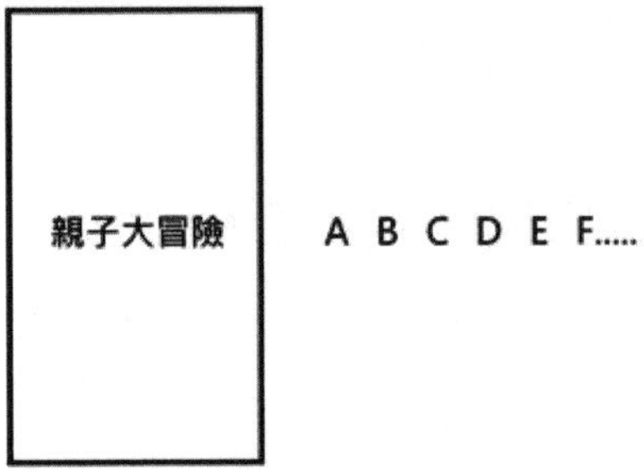

親子大冒險　　A B C D E F.....

例如說限制時間是 5 分鐘，5 分鐘一到，不管 A 玩得如何，就算 A 只玩到第二關好了，A 還是得立刻出來，讓排在下一個的 B 進去玩，可是這樣玩很不盡興耶！而且又有時間壓力，那怎麼辦呢？沒關係，讓我們來看第三種情況。

第三種情況是讓每個人全部都可以玩完，但每一個人都要限制 5 分鐘的時間喔，5 分鐘一到就要暫時先被請出來，讓別的小朋友進去玩，而別的小朋友

也是一樣會被限制 5 分鐘的時間，5 分鐘一到，小朋友自己也要出來，並讓別的小朋友進去玩．如果換到上一個因時間限制而被請出去的小朋友，那這位小朋友就從上次遊戲的出去點來開始玩起，也就是讓遊戲繼續下去，這樣大家不就都皆大歡喜了嗎？好！讓我們來看圖，首先，是讓 A 先進去：

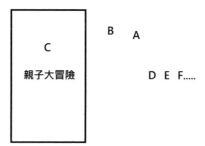

```
┌─────────────────┐
│                 │
│        A        │          B  C  D  E  F.....
│                 │
│     親子大冒險    │
│                 │
└─────────────────┘
```

5 分鐘一到，A 玩到第三關，接著 A 先出來，B 進去：

```
┌─────────────────┐
│                 │          A
│        B        │
│                 │          C  D  E  F.....
│     親子大冒險    │
│                 │
└─────────────────┘
```

5 分鐘又到，B 玩到第二關，接著 B 先出來，C 進去：

```
┌─────────────────┐
│                 │        B    A
│        C        │
│                 │            D  E  F.....
│     親子大冒險    │
│                 │
└─────────────────┘
```

5 分鐘又到，C 玩到第四關，接著 C 先出來，A 進去（其實不一定是 A，也可以是其他的小朋友 B、C、D、E 與 F 當中的任何一位等等，例如最後面的 F）：

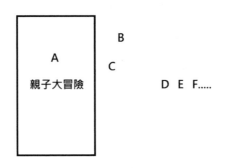

這時候的 A 便從上次 A 出來的地方也就是第三關的部分來繼續把遊戲玩下去，也就是說，A 不需要從頭來開始玩起，你說，這第三種的安排是不是也是一種安排的方式？

好了！看完了故事安排，現在，就讓我們回到電腦，並且把上面的內容用個表來轉換一下：

故事名詞	專有名詞
遊樂場	作業系統
親子大冒險	CPU
A、B、C、D、E、F……等小朋友	軟體

以上只是個概念上的比擬而已，各位了解原理就好。

5-7 CPU 與作業系統的合作

上一節，我們講了遊戲的排隊方式，並且在最後，我們把故事給拉回到了電腦，現在，我們要來對上一節所講過的知識來做個深入的研討。

讓我們回到上一節當中的第一種方法：

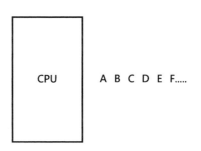

像這種情況，就是單顆 CPU 一次只能處理一件事情，其他的程式或軟體就只能等待，或者說是處於閒置狀態。

例如說，當你在使用電腦聽音樂之時，電腦就只會播放音樂而已，而不會執行上網，不會讓印表機列印學校作業，也不會讓你打電動，換句話說，這跟你平時所碰到的電腦完全不一樣，因為我們平時所使用的電腦，是可以讓你同時播放音樂、可以上網、可以讓印表機列印學校作業以及可以打電動，你怎麼操電腦那全都沒問題，既然如此，為什麼現在我們卻可以讓電腦在同一時間之內，做這麼多的事情呢？

答案，就在於我們上一節所說過的第三種排隊方式：

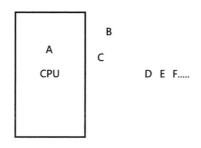

就是因為這第三種的排隊方式，才能夠讓你的電腦可以在同一時間之內，同時播放音樂、可以上網、可以讓印表機列印學校作業以及可以打電動等等，你把上圖中的 ABCD 給替換成下面的這些工作：

A＝播放音樂

B＝上網

C＝讓印表機列印學校作業

D＝打電動

之後，你就知道我在說什麼了。

而能夠做到這樣，其實最主要的原因是因為，現在的作業系統被設計成所謂的多工作業系統，這種多工作業系統的能力，就是讓許多的程式或軟體，可以在同一時間之內被執行，當然啦！其實一次只能執行一件事情，所以這種作業系統其實是製造一種讓你感覺這些程式或軟體可以同時運行的假象。

但事情要做到這樣可不能只光靠作業系統而已，還得搭配所謂的硬體，這裡的硬體指的是 CPU，CPU 會把時間給切割成許多份來執行程式，也就是說，CPU 一下執行這個程式或軟體，一下執行那個程式或軟體，這種來回不斷的切換，就讓你產生了一種電腦在同一時間，可以執行許多程式或軟體的錯覺，這情況就跟排隊中的小朋友一樣，雖然遊戲有時間上的限制，但把小朋友們快速地來回在遊戲當中做切換，速度之快，讓你會覺得幾乎所有的小朋友們全都玩到了遊戲。

5-8 目錄的基本概念

目錄，也被稱為資料夾，是一個具有系統性的「容器」，這樣講太抽象了，讓我們來看個例子之後各位就知道。

阿明向來就有收集東西嗜好，例如說，書本、光碟、衣服、玩具…等等，但由於這些東西實在眾多，因此，得放在倉庫裡頭，必要時還得分門別類地來做整理，例如像這樣：

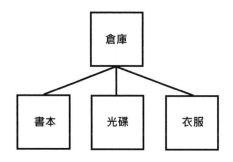

對於上面的內容我們可以再繼續分下去，像這樣：

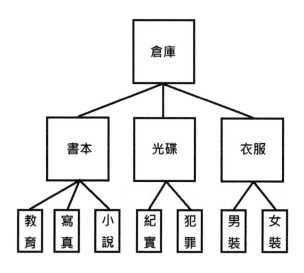

當然，我們也可以繼續分：

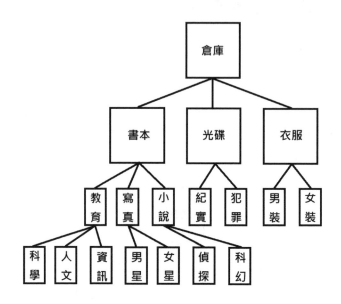

看到這，聰明的你會問，我能不能繼續分下去？當然可以繼續，直到你認為夠了為止，而像上面這種具有系統性的分類，我們就稱為檔案系統，其中，倉庫的地方，我們就稱為「根目錄」，而從倉庫出發，之後的部分都稱為子目錄，例如書本、光碟與衣服等，從根目錄出發，之後的分類則是以父子相稱，例如對教育來說，教育為書本的子目錄，而書本則是教育的父目錄，以此類推。

也許你會覺得這些名詞學起來很繞口，我覺得你只要知道原理就好，就算不知道專有名詞也無所謂，會用最重要。

5-9 對於目錄設定的實習

上一節，我們講了目錄（資料夾）的基本概念，在本節，我們則是要來對上一節的內容來做個小小的實習。

$\boxed{\textit{Step 1}}$ 首先，請各位看看自己的 Windows 下面有這樣的一排內容：

$\boxed{\textit{Step 2}}$ 請各位點選箭頭所指向的對象：

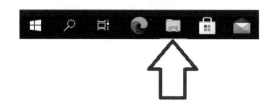

$\boxed{\textit{Step 3}}$ 接著，我們來到下面的畫面：

$\boxed{\textit{Step 4}}$ 請各位點選本機：

Step 5 點選完本機之後出現下面的畫面：

Step 6 點選框起來的地方，也就是我們俗稱的 C 槽：

Step 7 點選完 C 槽之後出現下面的畫面：

Step 8 這時候請隨便在一個空白的地方按下滑鼠右鍵→新增 (W) →資料夾
(F)：

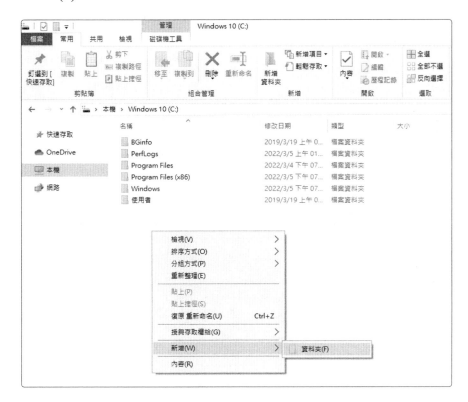

Step 9 資料夾新增完畢：

Step 10 把滑鼠移動到「新增資料夾」的地方，並按下滑鼠右鍵：

Step 11 點選重新命名：

Step 12 準備重新命名：

Step 13 寫上書本：

Step 14 重複前面的步驟 8~13，請把光碟與衣服也給新增進去：

而上面的流程，就相當於你已經完成了下圖：

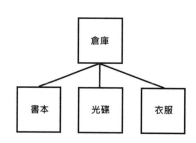

也許你會問，那倉庫相當於什麼呢？這時候請各位點選下面所框起來的地方：

接著會出現結果：

這時候的「C:\」就相當於我們前面所介紹過的倉庫，也就是所謂的根目錄。

如果你要確定根目錄與子目錄之間的關係，以書本為例，我們怎麼知道書本的根目錄是什麼呢？

請各位把滑鼠給移動到書本的地方，之後按下滑鼠右鍵，並點選內容：

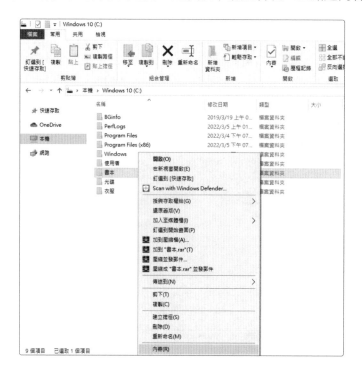

這時候各位就會看到書本的根目錄，也就是「C:\」：

接下來，我們可以重複同樣的方式來新增資料夾，並建立父子目錄，以書本為例，讓我們把滑鼠給移動到書本的地方：

接著用滑鼠左鍵來點擊兩下，之後進去書本：

一樣，重複前面 8~13 的步驟來新增小說、教育與寫真等資料夾：

這時候，我們已經把倉庫、書本以及書本下面的教育、寫真與小說等這條體系給建立了起來：

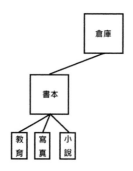

當然，我們也可以繼續新增下去，以教育為例，讓我們把滑鼠給移動到教育的地方，並按下滑鼠左鍵兩次：

一樣，重複前面 8~13 的步驟來新增科學、人文與資訊等資料夾：

如果我們想要知道科學、人文與資訊放在哪裡的話，那請各位點選框起來的地方：

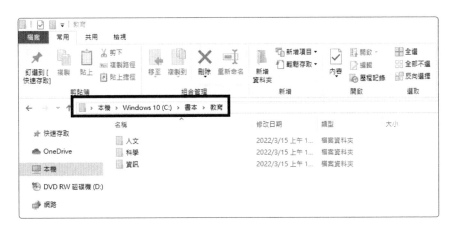

接著就會出現「C:\書本\教育」這樣的資訊：

而像「C:\書本\教育」這樣子的內容，我們就稱為路徑，至此，我們已經把倉庫、書本、教育以及教育底下的科學、人文與資訊等這條體系給建立了起來：

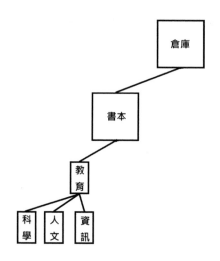

如果只是單獨要知道哪一個資料夾位於哪，一樣，只要觀察其內容即可，例如以科學為例，把滑鼠給移動到科學的地方，並下滑鼠右鍵，之後點選內容：

接著就會出現內容的相關資訊：

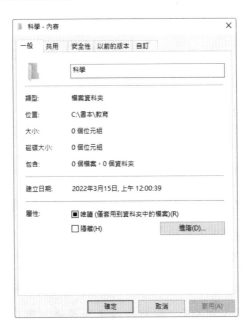

各位看到了嗎？科學這個資料夾就是位於「C:\ 書本 \ 教育」當中。

以上就是資料夾的建立以及安排概況。

資料夾是作業系統這套軟體的應用之一，如果你將來打算進辦公室裡頭工作，那資料夾對於管理你的資料來說，非常重要，因為資料夾的好處，就在於能夠讓你對資料來進行分門別類地管理，

最後，對於資料夾的設計盡量要成一套具有規律的體系並符合我們的工作或生活經驗，這樣以後你在找資料夾之時，你才知道要從哪裡下手去找，例如說衣服的子目錄是光碟，這顯然就不符合我們的生活經驗，但如果衣服的子目錄是男裝與女裝的話，那這種設計就比較符合我們的生活經驗。

5-10 檔案的簡介

終於要講到檔案了，計算機能夠在今天如此發達，檔案可説是功不可沒，怎麼説？

基本上，我們這裡所説的檔案有兩種類型：

1. 可以存放資料與資訊的地方
2. 一段可以儲存資料流的地方

看完了上面的內容之後，你可能又會問，那什麼是資料流呢？

我們先不要把事情給想得太遙遠，先來處理第一種情況。各位還記得我們曾經説過資料與資訊的概念吧？那時候我舉了個例子來説明這兩種概念之間的差異，讓我們回到資料，以阿春為例，那時候阿春所蒐集到的資料是這樣子的：

我在我家附近的小 3、很 OK、你家與我很富等便利商店做了調查，發現北極星汽水的定價分別是 25 元、24 元、24.5 元以及 24 元等，然後這些便利商店的地點位於交通精華地段，所以每一小時之內平均有 20、18、21 與 17 位來客數，每天平均的銷售量為 78 瓶、52 瓶、49 瓶與 66 瓶……以下略

那上面的資料，我們可以存在哪呢？讓我們回到桌面：

然後在空白處按下滑鼠右鍵→新增→文字文件：

出現「新文字文件」：

這時候請把滑鼠給移動到「新文字文件」的上面，接著按下滑鼠右鍵→重新命名：

把名稱給設定為阿春：

接著把滑鼠給移動到阿春的上面，並按下滑鼠右鍵兩次：

這時候我們已經打開了名為阿春的「新文字文件」，也就是下圖當中的阿春 - 記事本，接下來讓我們把阿春所蒐集到的資料給貼進阿春 - 記事本裡頭去：

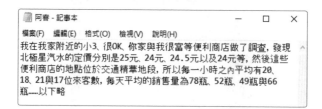

這樣，阿春所蒐集到的資料便被放進了阿春 - 記事本裡頭去了，而這個阿春 - 記事本就是本節所說檔案，由此可知，檔案可以放置資料，當然也可以儲存資料，例如像下面的點選檔案→儲存檔案：

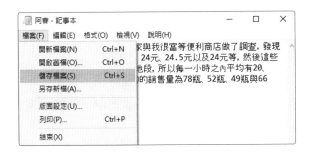

這樣一來，阿春所做的資料，便會被存入進阿春 - 記事本這個檔案裡頭去了，以後要用時，再用滑鼠右鍵來點擊「阿春」這個「記事本」的檔案兩次之後，「阿春」這個「記事本」檔案便會重新開啟，而裡頭的內容便會重新出現，所以你看看，這種類型的檔案是不是非常地方便？

以上，就是對第一種檔案的說明，接下來，我們要說明的是第二種檔案，不過在講解第二種檔案之前，讓我們先來看看「資料流」的意義，什麼是資料流呢？ 資料流，指的就是資料處理的流程，例如說下面的圖：

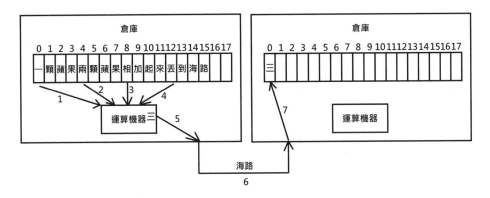

在上面的圖當中，箭頭上都會有個編號，而這編號就是順序：

Step 1 一顆蘋果

Step 2 兩顆蘋果

Step 3 相加起來

Step 4 丟到海路

Step 5 把三給丟到海路

Step 6 透過海路來運送數字三

Step 7 把三給放進倉庫裡頭去

像上面對於資料的處理流程，我們就稱為資料流，但是呢，這些資料流不是一開始就被儲存在倉庫裡，而是被儲存在檔案中，然後檔案會把這些資料給放進倉庫裡，像這樣：

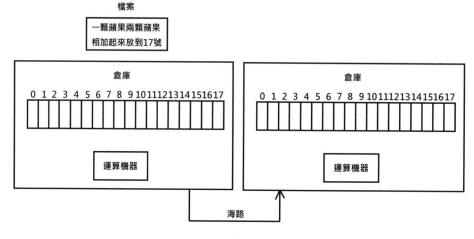

然後：

Step 1 準備把放置於檔案內的程式給丟進倉庫（記憶體）裡：

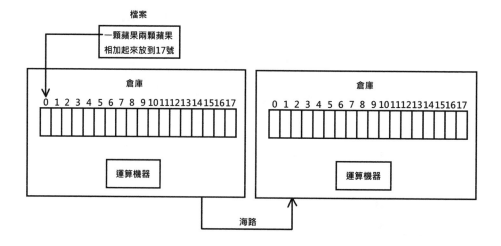

Step 2 已經把放置於檔案內的程式給丟進倉庫（記憶體）裡：

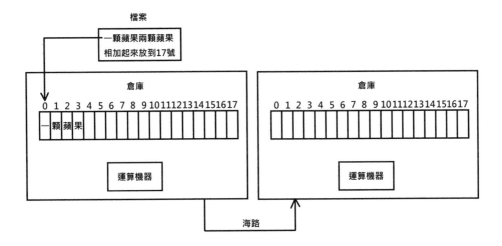

後續程式被放入的部分以此類推。

而上圖中的檔案是我們本節所要講的第二種檔案，同時也是大家最熟悉的檔案，例如大家所常用的通訊軟體 Line（下圖引用自維基百科）：

就是屬於第二種檔案，而我們的計算機，就是因為有這兩種檔案的出現，才讓計算機這門現代新興的科技產品，一步一步地走向我們的日常生活中。

本文參考與引用出處

https://zh.wikipedia.org/zh-tw/LINE

5-11 檔案的類型

前面，我們已經了解了檔案的基本意義，但是呢！由於使用上的原因，檔案的類型自然也會跟著不同，讓我們先來看個情境。

在我們日常生活裡，常常會出現同名但不同物的情況，例如說 Apple 好了，在 100 年前，當你跟別人說 Apple 之時，那對方一定會知道你指的就是蘋果這種水果，但現在可不一樣了，在現在這個時代當中，當你說 Apple 這個單字之時，那別人就會問你，你指的是水果還是手機呢？

所以為了方便表達起見，我們可以用一種方式來表示 Apple 到底是水果還是手機，像這樣：

Apple. 水果

Apple. 手機

而 Apple 是名字，名字後面所標註的水果或手機就是名字的特徵，重點是，這樣一來你不但不會搞混同樣都是名為 Apple 的名稱，而且透過特徵的標註之後我們也可以知道，不同的特徵標示著不同的物品，而且用途也不一樣，例如說，你總不可能用 Apple. 水果來接電話，又或者是吃 Apple. 手機吧？而特徵，就是本節的主題，也就是檔案的類型，當然也可以稱為副檔名。

現在，讓我們來實習一下，如何看一個檔案的副檔名：

[Step 1] 首先在桌面上新增一個名為「小組報告」的資料夾：

Step 2 把滑鼠移動到阿春的上面，接著在阿春的上面按下滑鼠左鍵不放，
然後把阿春給拖進資料夾「小組報告」裡頭去：

以下就是拖行後的結果：

Step 3 用滑鼠左鍵來點小組報告兩次：

Step 4 接著會看到阿春：

檔案 常用 共用 檢視			
← → ↑ 📁 › 小組報告			
名稱 ^	修改日期	類型	大小
⭐ 快速存取 　📄 阿春	2022/3/16 下午 0...	文字文件	0 KB
☁ OneDrive			
💻 本機			
📁 網路			

Step 5 點選「檢視」：

Step 6 看到選項：

Step 7 把滑鼠給移動到「副檔名」的左邊，接著按下滑鼠左鍵也就是對副
檔名打勾：

Step 8 這時候就會跳回原畫面：

然後你看，這時候的阿春已經變成了「阿春 .txt」，這裡的 txt 就是所謂的副檔名，而這副檔名的原理，跟我們前面所講過的：

Apple. 水果

Apple. 手機

的意思一樣，只是這裡所呈現的結果是：

阿春 .txt

最後要告訴各位的是，因為軟體用途的不同，檔案的副檔名也跟著不一樣，在此我給各位一個網址，裡頭列出了許多檔案的副檔名，各位可以參考一下：

https://zh.wikipedia.org/zh-tw/%E6%96%87%E4%BB%B6%E6%A0%BC%E5%BC%8F%E5%88%97%E8%A1%A8

或在維基百科上搜尋《檔案格式列表》也可以。

5-12 軟體的安全性概說

據我所知，軟體的安全性是一個很複雜的題目，由於本書只是個初級概論而已，所以我們就僅止於一個簡介就好，在此之前，讓我們先來看個例子。

不知道各位有沒有聽過《阿里巴巴和四十大盜》這個故事，在《阿里巴巴和四十大盜》這個故事當中，人們只要對著門喊「阿里巴巴」的話，這樣門便會打開，但如果你對著門來喊「阿里叔叔」、「阿里媽媽」或「阿里波波」的話，那門就不會被打開，像這種一定要喊對的一句話，例如「阿里巴巴」就是所謂的密碼。

最常見於軟體的密碼，就是打開 Window 作業系統之時，你要輸入的那一段話就是密碼：

Window 之所以會有密碼，就是要保護你的電腦不會隨便被別人給使用，同樣道理，其他的軟體也是一樣。

在 1990 年代，那時候的電腦遊戲由於沒有連結到伺服器去驗證玩家的身分，所以電腦遊戲廠商便對遊戲下了個安全性驗證，而這個安全性驗證就是

所謂的密碼，如果玩家不輸入密碼的話，那玩家就無法進入遊戲當中，又或者是連續輸入三次錯誤的密碼的話，還是可以讓玩家進去遊戲裡頭，但玩家卻無法操控遊戲主角。

在現在這個時代當中，密碼的應用已經不限於軟體上，也應用在網站上輸入帳號時的驗證，像這樣（以下引用自 MOMO）：

各位要注意的是，密碼的設定盡量選擇無規律或複雜化的密碼，近年來由於使用者在密碼的設計上往往都用非常簡單的密碼，導致這些使用者的密碼往往被駭客們給破解，例如：

123456

000000

1qaz2wsx

12345678

doraemon

以上的密碼是由資訊安全公司「ソリトンシステムズ（Soliton）」於 2021 年分析 209 件被駭客們所破解的密碼，各位可以看一看，這些密碼的內容是不是都相當簡單？

注意一下，在上面的密碼當中：

1qaz2wsx

位於鍵盤上斜線部分：

而 doraemon 則是日本卡通《哆啦 A 夢》的英文拼音，也因為一般民眾使用的密碼都很簡單，因此才給了這些黑帽駭客們有機可趁，藉此來破解民眾密碼的機會。

本文參考與引用出處

https://www.momoshop.com.tw/main/Main.jsp

https://www.chinatimes.com/realtimenews/20220220002739-260405?chdtv

https://zh.wikipedia.org/zh-tw/%E7%94%B5%E8%84%91%E9%94%AE%E7%9B%98

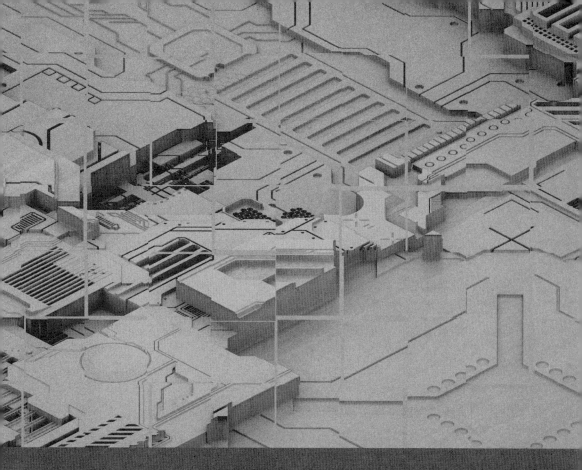

Chapter

06

資訊安全與駭客技術簡介

6-1 前言

前面講的東西，對很多人來講可能都太硬了，所以在這裡，我們要來講一些稍微比較輕鬆一點，但內容卻帶點嚴肅的話題，那就是資訊安全與駭客技術。

其實資訊安全與駭客技術是屬於計算機科學方面的應用，而且通常都會放在計算機科學概論的最後面，我之所以在這裡就放，最主要的原因就是希望能夠透過一些實際的範例，告訴大家使用電腦上必須要注意些什麼事項，而各位在知道了這些事項之後，能夠保護自己，首先，讓我們來看個真實的範例。

小花平時就愛打扮得漂漂亮亮，也因此，她喜歡常常把自己與朋友之間的合照給放上社群網站，不久，小花交了男朋友，在與男朋友交往之後，兩人便發生了親密關係，而小花為了紀念這件事情，便把發生親密關係之時的親密照片給上傳到社群網站上，但由於照片內容非常私密，所以小花對於親密照片的設定是只能讓自己觀看，至於其他人的話則是無法觀看。

但事情就偏偏發生在這一天……

有一天，小花收到某陌生人來的私訊，內容是她與她男朋友之間的親密照片，這時候小花一看到這些親密照片之後，當場便嚇得花容失色，她心想，我不是已經把這些親密照片全都設定成只有我自己才能看得到嗎？為什麼這個人能夠拿到我的這些親密照片？

接著對方告訴小花說，如果不想讓這些親密照片給流出去的話，就把錢給匯到國外的某個戶頭去。

這是一個真實的案例，也因為這個案例，把小花一家給折磨得死去活來，而類似像小花的這種受害案例，不是只有一個，而是在你我的日常生活當中，天天上演。

好了,這個真實案例只是個開頭,接下來我們要以此為例,進入資訊安全與駭客技術的介紹。

資訊安全是個很複雜而且難度又非常高的主題,在本書裡頭,我們不會去講那些深奧的學術理論,我只講跟社會大眾切身有關的介紹,希望大家在閱讀完這些介紹之後,知道如何保護自己這樣就夠了,至於那些深奧的理論,那就交給資訊安全專家們去處理,放心,這裡我不會提。

首先,讓我們來看個實際點的,例如下一節所要介紹的木馬。

6-2 木馬程式示範

拾起本書的各位,應該或多或少都聽說過木馬程式,那什麼是木馬程式呢?關於木馬程式的精確定義實在是很難回答,因為在這個世界上,木馬的種類實在是太多太多了,好了!話不多說,現在就讓我們來看個木馬程式的例子:

Step 1 在程式開發環境上寫入木馬程式:

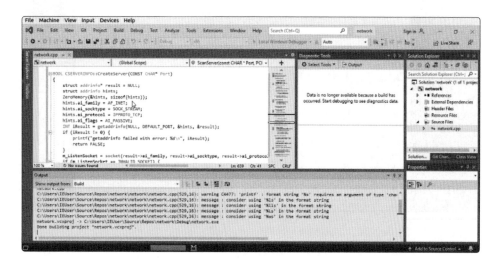

Step 2 駭客執行木馬程式：

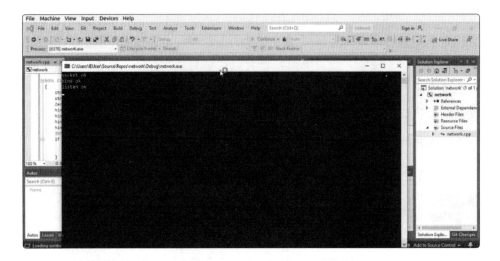

Step 3 受害者準備點下木馬程式：

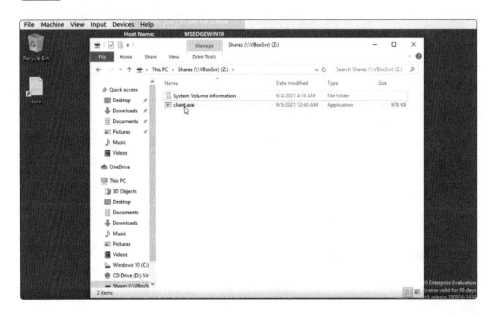

Step 4 木馬程式執行中：

Step 5 受害者準備輸入帳號密碼：

Step 6 右邊的受害者輸入帳號密碼，並把帳號密碼傳送到左邊也就是駭客的電腦：

詳細情況如下圖所示：

看到了嗎？木馬程式可以盜取受害者的帳號密碼到駭客的電腦裡，這時候駭客拿到這些帳號密碼之後，就可以登入到網站去，而像小花這樣子的受害者便因此而生。

好了，上面的範例不只是用於購物網站，也可以用於盜取銀行使用者的帳號
密碼：

框起來的部分：

就是回傳到駭客電腦的受害者帳號密碼。

當然，木馬程式也可以盜取社群網站的帳號密碼：

在 1 號標籤當中所框起來的部分是受害者的帳號密碼，而在 2 號標籤當中所框起來的部分則是從 1 號標籤當中，回傳回駭客電腦的帳號密碼。

看完了上面的例子之後我相信各位讀者們的心裡頭一定會很有感想，這個世界上竟然存在著這麼可怕的應用程式，沒錯，就是因為可怕而且受害人數眾多，所以我才把資訊安全與駭客技術給放在這，目的就是要讓大家知道這種可怕東西的存在，進而告訴大家如何去防範它，不要再出現像小花那樣子的受害者。

6-3 木馬程式簡介

講完了對於木馬程式的示範之後,接下來我們要來討論的是,那什麼是木馬程式?為什麼木馬程式會有如此的威力?

在講這個題目之前,先讓我們來看個故事。

在很久很久很久以前,希臘人與特洛伊人曾經發生過戰爭,而這一仗一打就是十年,主因是希臘人遲遲無法攻破特洛伊人的城門,後來希臘人改變了攻城策略,於是便打造了一匹巨大的木馬:

木馬打造完之後士兵便藏在木馬裡頭,接著把木馬給放在特洛伊城的門口,引誘特洛伊人帶回去當禮物。

就在木馬被特洛伊人給帶走之後,當晚,潛伏於木馬內的士兵便溜了出來,開了特洛伊城門,接著引希臘大軍進來攻擊,最後,希臘人因此而破了特洛伊。

這個故事最關鍵的地方就在於,那隻巨大的特洛伊木馬,誰只要拿了那隻木馬,誰就等於拿了顆有毒的糖果,最慘的結局就像特洛伊那樣城破家亡、任人宰割。

千百年後，特洛伊這故事深深地啟發了一票晚上不睡覺，默默地開發近似於上面故事當中的程式，而這程式就是木馬程式，也稱為特洛伊木馬程式。

好啦！前面我曾經說過，關於木馬程式的精確定義我很難回答，理由是因為在這個世界上，木馬的種類實在是太多太多了，但話雖如此，我們還是要來對木馬程式來下一個基本定義，而這定義可以隨著木馬功能而做修改，當然，如果你有本事的話：

<blockquote>所謂的木馬程式，是一種盜取他人甚至是遠端遙控的一種後門程式</blockquote>

基本定義就先這樣，如果未來還有高手可以設計更高明的木馬，那到時候可以再修改或新增上面的定義。

從希臘人送給特洛伊人的木馬當中我們可以知道，木馬表面上看起來就很普通，只是個人造的物品而已，可實際上卻不是這樣，木馬這傢伙表面上看起來沒什麼，但內卻暗藏著可怕危機，希臘人送的木馬如此，駭客們所開發出來的木馬程式也是一樣。

很多駭客把木馬程式給製作出來之時，會偽裝或者是包裝成一個讓你看起來好像是沒什麼的程式或軟體，不但如此，有的木馬還會被包裝進合法軟體當中提供讓人下載（所以軟體盡量都是在官方網站下載比較安全），如果你使用的話，就等於中了木馬。

所以，特洛伊木馬的最大特徵除了裡頭所藏的毒蘋果之外，更可怕的是它那看起來就好像是一款人畜無害的外表，只要你點了木馬或者是含有木馬的執行檔，下場就是電腦當場被感染，嚴重時還會被駭客給當成活生生的肉雞給控制。

本文參考與引用出處

https://zh.wikipedia.org/zh-tw/%E7%89%B9%E6%B4%9B%E4%BC%8A%E6%9C%A8%E9%A6%AC

https://zh.wikipedia.org/zh-tw/%E7%89%B9%E6%B4%9B%E4%BC%8A%E6%9C%A8%E9%A9%AC_(%E7%94%B5%E8%84%91)

6-4 木馬程式的基本原理概說 (選讀)

前面，我講了木馬程式的示範與簡介，在這裡，我要講的是木馬程式的基本原理，但由於這部份的技術涉及到資工技術，所以如果你覺得本節的內容過於深奧，又或者是沒興趣的話，那本節的內容你就可以直接跳過。

在前面的介紹當中我們看到，駭客端：

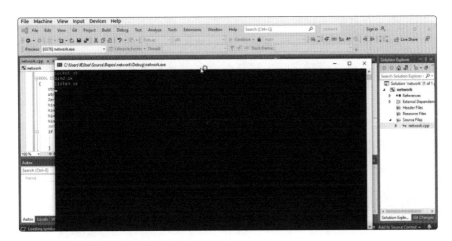

與受害者都必須得執行木馬程式：

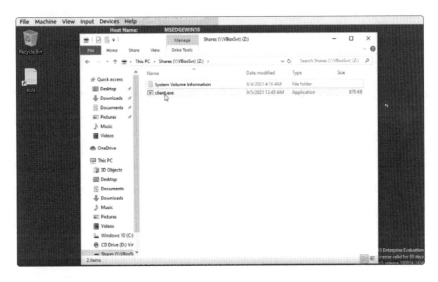

而這木馬程式的基本原理，其實就是我們前面所講過的：

1. 網路通訊原理概說
2. 伺服器與客戶端

當中的基本知識，怎麼說呢？各位還記得我們曾經在這兩個小節當中所講過的伺服器與客戶端的基本概念吧？那時候我說，伺服器（例如雅虎）是如何地透過網路來傳送一個網頁給客戶端的教學。

駭客對於木馬在設計上也是使用伺服器和客戶端的模型，但以前因為那時候沒有防火牆，所以受害者是伺服器，而駭客則是客戶端，也就是說，駭客透過網路向受害者請求資料之時，這時候受害者便會把資料透過網路來回傳給駭客。

但後來因為防火牆技術的出現，所以木馬在設計上便反了過來，讓受害者變成客戶端，而駭客則是伺服器，像這種反過來的木馬，我們就稱為反向木馬，而前面我們所介紹過的木馬，全都是反向木馬。

以上就是木馬程式設計的大致原理。

在此，我順帶補充一點，木馬程式的出現，導致了資訊安全的進步，但話雖如此，這些駭客們也不是什麼省油的燈，防火牆的出現，激發了這些駭客們對原來木馬的改造，最後誕生了反向木馬，像這種你來我往，就是一種道高一尺、魔高一丈的攻防，那這種攻防到底何時才會結束呢？答案是沒人知道。

最後，木馬的開發雖然是從基本的伺服器與客戶端來開始，但根據筆者的經驗，木馬會一代一代地演化，這情況就跟軟體一樣，會不斷地進化進化再進化，功能也會越來越複雜，其中我看過有的木馬可以閃過防火牆與防毒軟體，所以你就知道，這木馬在設計上，真的是一山比一山高，尤其是如果你遇到的是職業高手，那通常下場都不會太好。

6-5 如何防範木馬

從前面的介紹當中我們都已經看到，木馬這玩意兒，那真是可怕到極點，其實別說是木馬，只要是對電腦有惡意的程式或軟體，我們就稱為惡意程式或者是惡意軟體，而前面所講過的木馬，都屬於惡意程式。

那現在問題來了，既然已經知道這些木馬的可怕性，那我們要怎麼去防範像木馬這種惡意程式呢？

其實，以筆者多年來的經驗來說，使用正版軟體以及不要使用來歷不明的程式或軟體，如果你能夠做到這樣，基本上就能夠防止自己中木馬或惡意程式，請各位注意一點，我只是說基本上，不是百分百，那也許你會問，這話從何說起？讓我一步一步地來解釋。

1. 如果你買的光碟或軟體是正版的，那基本上沒問題，有問題你直接去找廠商。

真正有問題的，不是上面的第一點，而是下面的第二點：

2. 從 Google Play：

上下載的軟體，例如這篇雅虎新聞，各位可以參考一下，新聞的標題是《安全研究人員發現特洛伊木馬隱身在 Google Play 商店的多款應用中》（以下引用自雅虎新聞網站）：

尤其是下面這一段話（以下引用自雅虎新聞網站）：

> **安全研究人員發現特洛伊木馬隱身在 Google Play 商店的多款應用中**
>
> Dr. Web 的安全研究人員從 2022 年 1 月開起對行動裝置上的病毒活動進行監測，發現 Google Play 商店中含有惡意軟體的應用程式大多數都屬於使用在各種騙局中的特洛伊家族，主要的危害在個人資料的竊取與經濟損失方面。此外，還有一款新的 Android 木馬以 WhatsApp 模組外掛的形式出現，透過在社群媒體上的發文、論壇與 SEO 病毒式行銷推廣在網路上傳播。

請各位注意後面的內容：

> 還有一款新的 Android 木馬以 WhatsApp 模組外掛的形式出現，透過在社群媒體上的發文、論壇與 SEO 病毒式行銷推廣在網路上傳播。

像這種木馬的設計，在早期的木馬當中是完全沒有的，是後來其他產品的出現，才有這種新型的木馬，所以這也是為什麼我會說，實在是很難對木馬來下一個精確的定義就是這樣，因為木馬會隨著技術而不斷地進步或演化，而且你看新聞的後面，這木馬還會傳播，看到這裡的各位，你有沒有覺得木馬這傢伙比新冠病毒還要難纏？

事情到這，那你一定會問，竟然連 Google Play 上都藏有惡意軟體，那我們這些消費者怎麼知道哪些是惡意軟體，哪些不是惡意軟體呢？

關於這個問題,我只能告訴你,下載大公司或者是知名公司所開發的軟體比較穩,如果你要下載由小公司,又或者是由名不見經傳的公司所開發出來的軟體,那我真的建議你最好先上網查一下這間公司到底存不存在,以及這間公司是否真的有開發過你要下載的這些軟體,事情雖然麻煩了點,但我認為事前預防總比事後處理還要來得好,各位還記得前面的小花吧?那就是一個活生生的例子。

本文參考與引用出處

https://zh.wikipedia.org/zh-tw/Google_Play

本節新聞引用出處

https://tw.news.yahoo.com/%E5%AE%89%E5%85%A8%E7%A0%94%E7%A9%B6%E4%BA%BA%E5%93%A1%E7%99%BC%E7%8F%BE%E7%89%B9%E6%B4%9B%E4%BC%8A%E6%9C%A8%E9%A6%AC%E9%9A%B1E8%BA%AB%E5%9C%A8-google-play-%E5%95%86%E5%BA%97%E7%9A%84%E5%A4%9A%E6%AC%BE%E6%87%89%E7%94%A8%E4%B8%AD-055714486.html

6-6 遠端遙控木馬簡介

在木馬程式示範的那一節當中,我曾經向各位示範了木馬是如何地盜取使用者的帳號與密碼,而像這種具有盜取使用者帳號與密碼的木馬,我們就稱之為鍵盤木馬、鍵盤紀錄木馬或鍵盤側錄木馬,英文名稱為 Keylogger。

Keylogger 這種木馬只是目前世界上眾多木馬當中的其中一種木馬,其實還有另外一種被稱為遠端遙控的木馬,也就是遠端遙控木馬,英文名稱為 Remote

Control Trojan，遠端遙控木馬的意思就如同字面上的那樣，駭客只要把病毒給丟出去，受害者一旦啟動了木馬，這時候駭客便可以在家裡頭，直接控制你的計算機，也就是說，這時候你的計算機就會被駭客給完全地控制住，駭客想對你的計算機幹什麼就幹什麼，你說這是不是很可怕？

也因此，在木馬的世界當中，鍵盤木馬與遠端遙控木馬這兩種木馬合稱為經典木馬，因為你現在在這個世界上所看到的木馬，幾乎都是從這兩種木馬所延伸出來的，話不多說，就讓我們來看個實際範例。

右邊是駭客電腦，左邊則是受害者電腦：

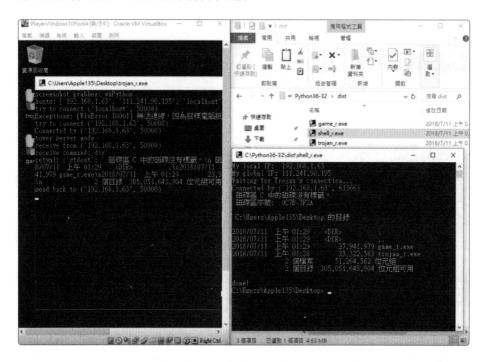

右邊的駭客正在輸入指令，準備要讓左邊受害者的電腦來執行程式：

這時候左邊的受害者電腦已經執行完從右邊駭客來的指令：

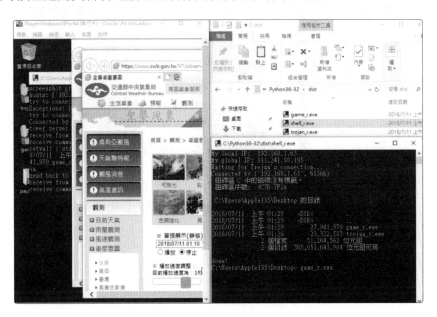

像這種從右邊電腦輸入指令，並讓左邊電腦執行程式或軟體的木馬，就是遠端遙控木馬，在上面的例子當中，遠端遙控木馬只是開啟一個網頁，並下載一些程式而已，但在真實的駭客攻擊當中，事情往往可不這麼容易，右邊的駭客通常會執行惡意程式或軟體，並讓你的電腦當場被感染，最後任人宰割。

6-7 勒索軟體示範

勒索軟體是近幾年來非常火紅的一款惡意軟體，所以我想各位應該多少都有耳聞，話不多說，現在就讓我們來示範一款教學用的勒索軟體，示範的內容與木馬一樣，只用兩台電腦來做示範。

右邊是駭客電腦，左邊則是受害者電腦，此時右邊的電腦已經準備開始好對左邊的電腦來發動攻擊：

請看左邊受害者電腦當中的影片檔案：

隨便點一部影片：

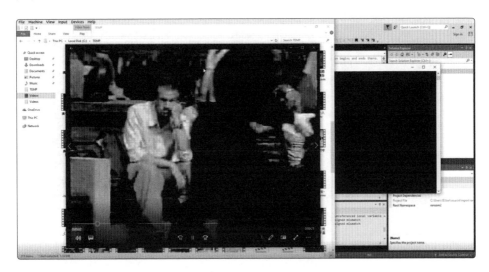

右邊的駭客開始對左邊的電腦來發動攻擊，並得手成功：

此時受害者的影片已經全被加密，像這樣：

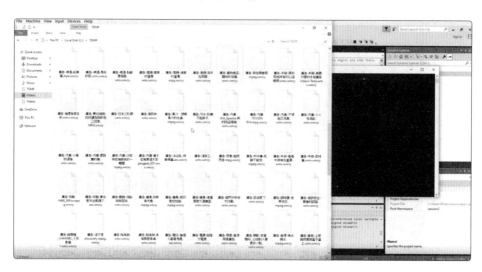

這時候的受害者是無法打開被加密後的影片檔案，只有攻擊你的駭客才能夠幫你，像這樣：

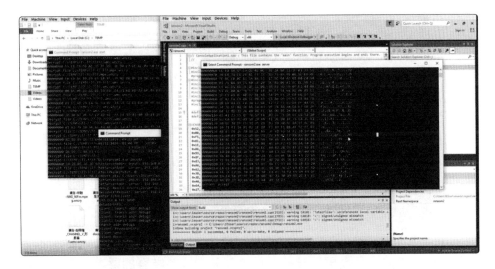

而以下就是駭客成功解密後的結果：

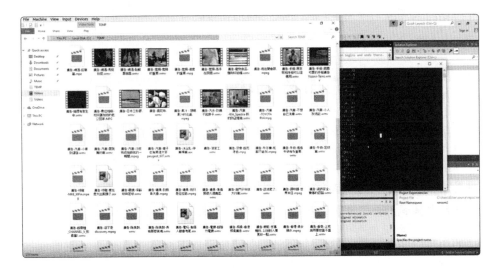

也就是你的影片全部回來啦！不但如此你還能夠隨便點一個來觀賞：

但是，如果真的中了勒索軟體的時候，就算你按照駭客的要求付了錢給駭客，駭客仍然不見得會幫你解密。最好的解決辦法就是勤於備份重要資料，才可以將災害減到最低，以上，就是勒索軟體的簡介。

6-8　最簡單的加密簡介

說實話，我一直猶豫要不要寫這一小節，因為題目太難了。

想要了解勒索軟體，除了得了解網路程式設計之外，還得了解加密與解密，可是加密與解密的難度非常高，已經遠遠地超出了本書的範圍，不但如此，設計者本身還得必須要具備高等數學的能力，例如初等數論等。

好吧！我們還是一樣，我們先不要把事情給弄得太高太遠太複雜，我們先來看個簡單的加密範例，放心，這個範例不會用到像初等數論那樣高深的學問，只是個小遊戲而已。

有一天，小明想要約班上的小美出來約會，那要約會就得寫信，就算是手機那也得傳訊息，可是呢！小明和小美一點也不想讓別人知道小明跟小美兩人正在交往的事情，尤其是小美她媽，聽說是出了名的家管嚴，那這時候如果小明要約小美出來的話，那小明就得用小美看得懂，但旁人都看不懂的訊息，你說對嗎？

說很簡單，那實際上要怎麼做呢？我們都知道，約會的英文單字是 date，像這樣：

3	2	1	0	位數
d	a	t	e	英文單字

在英文字母裡頭，ABCDEFG 等等是按照英文字母的順序來做排列，A 的右邊是 B，B 的右邊是 C，後續以此類推，所以這時候的小明可以想，如果把英文單字 date 當中的每一個字母給向右移一位：

3	2	1	0	位數
e	b	u	f	英文單字

的話，那這時候原本的 date 就會變成了 ebuf，而拿到 ebuf 的小美，只要把 ebuf 這四個字母給向左移一位，那 ebuf 就會還原成 date。

以上的介紹，就是一種加密與解密的簡介，在上面的過程中，date 就是原來的資訊，也稱為明文，而被加密過後的 date 也就是 ebuf 則是被稱為密文。

事情看到這裡的各位讀者們也許大家會說，啊！事情就這麼簡單？一旦我知道了向右移動的位數，那像我這種第三者不就可以隨時來破解密碼，進而知道小明要向小美約會的事情了嗎？

沒錯，所以加密技巧在設計上是越複雜越好，不但如此，加密的方式也不能夠被別人知道，不然，明文落到哪一個聰明的傢伙手上，只要這傢伙的時間足夠，小明所設計出來的加密方法，總有一天一定可以被破解出來，也就是得到當初的明文。

但話雖如此，本節所介紹的這種加密與解密的方式，在技巧上來說非常簡單，但在計算機科學的領域當中，加密與解密的手法則是非常複雜，不但如此，還會使用高深的數學知識來設計加密的方式，像我們前面所示範過的勒索軟體，用的就是其中一種被稱為 RSA 的加密方式。

最後，各位只要知道加密與解密的大概原理就好，有興趣的話可以閱讀初等數論以及密碼學等知識來延伸學習。

6-9 如何防範勒索軟體

看了勒索軟體的示範之後，各位也許會問，要如何防範勒索軟體來的攻擊呢？

我覺得還是那一句話，不是正版的軟體你就不要用，但話雖如此，這事情也不是絕對的，勒索軟體攻擊計算機的方法有很多，其中一種，就是從外部來的入侵，通常被入侵都是因為自己的計算機上存有漏洞，而這漏洞被駭客抓到，進而被駭客拿來入侵，這樣一來，駭客就等於直接滲透進你的電腦裡頭，最後玩死你的計算機。

但話雖如此，合法廠商也不是什麼省油的燈，在 Windows 10 作業系統之前，Windows 作業系統並沒有針對勒索軟體來做特別例外的嚴格管制，直到 Windows 10 之時，事情才出現了變化，請各位跟我操作一次：

[Step 1] 點選開始：

Step 2 點選設定：

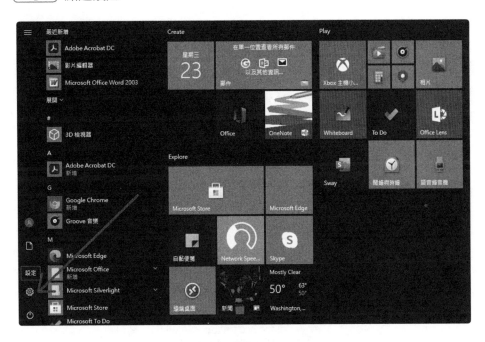

Step 3 來到設定：

Step 4 點選更新與安全性：

Step 5 來到更新與安全性：

Step 6 點選 Windows 安全性：

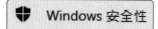

Step 7 來到 Windows 安全性：

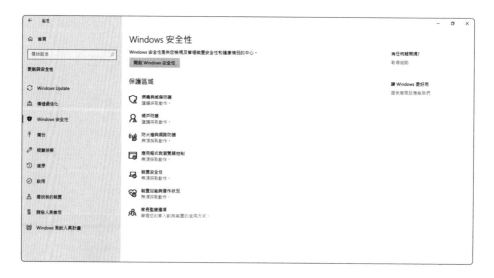

Step 8 點選病毒與威脅防護：

Step 9 來到病毒與威脅防護：

Step 10 往下拉：

Step 11 可以看到勒索軟體防護：

> **圇 勒索軟體防護**
>
> 設定 OneDrive 的檔案復原選項以應付發生勒索軟體攻擊的情況。
>
> 設定 OneDrive
>
> 管理勒索軟體防護
> 關閉

Step 12 點選管理勒索軟體防護：

> **圇 勒索軟體防護**
>
> 設定 OneDrive 的檔案復原選項以應付發生勒索軟體攻擊的情況。
>
> 設定 OneDrive
>
> 管理勒索軟體防護
> 關閉

Step 13 來到管理勒索軟體防護：

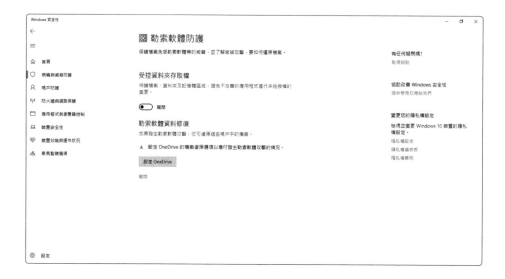

點選關閉：

勒索軟體防護

保護檔案免受勒索軟體等的威脅，並了解若被攻擊，要如何還原檔案。

受控資料夾存取權

保護檔案、資料夾及記憶體區域，避免不友善的應用程式進行未經授權的變更。

(●　) 關閉

勒索軟體資料修復

如果發生勒索軟體攻擊，您可復原這些帳戶中的檔案。

⚠ 設定 OneDrive 的檔案復原選項以應付發生勒索軟體攻擊的情況。

設定 OneDrive

關閉

Step 16 詢問是否變更裝置：

使用者帳戶控制	✕
您是否要允許此 App 變更您的裝置?	

🛡 Windows 安全性

已驗證的發行者: Microsoft Windows

顯示更多詳細資料

| 是 | 否 |

Step 16 點選是：

Step 17 變更完成：

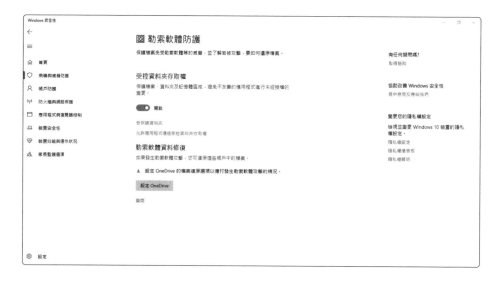

勒索軟體防護的這種功能，在以前的 Windows 作業系統當中是完全沒有的，直到勒索軟體的出現，Windows 開發者為了保護使用者的電腦安全，於是便新增了這一項功能，而這結果同時也呼應了我前面所講過的，軟體（包含作業系統）是會一代一代地演化，而且每一代在功能上都會比上一代還要來得更好，至於產品開發到什麼時候才會有個止境呢？關於這個問題的答案我目前還無法回答，你說呢？

6-10 從外部入侵計算機的示範－滲透測試的簡介

各位如果有看過跟駭客入侵有關的電影的話一定都會很好奇，到底駭客們是怎麼從外面來入侵進對方的電腦當中？其實這個手法在前面的木馬與勒索軟體當中都已經示範過了，當然那時候我們示範的是使用者自己點下有毒的檔案所導致自己的計算機被駭客們給入侵，而這裡，我們要採取一種另類的手法，也就是不需要使用者點下有毒的檔案之後就可以從外部來入侵計算機，讓我們來簡介一下這個流程。

注意，以下的流程不但被簡化過，而且還是在沒防火牆的底下來做的測試：

Step 1 右邊是駭客的計算機，左邊則是使用者的計算機：

Step 2 右邊的計算機呼叫入侵軟體：

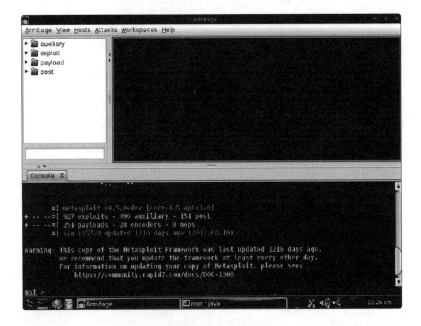

Step 3 鎖定好左邊也就是要攻擊的計算機：

Step 4 選擇對方計算機的作業系統：

Step 5 攻擊得手，對方的計算機已經淪陷：

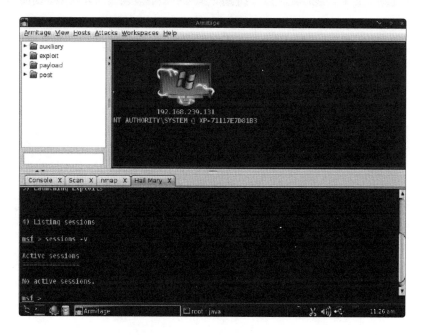

在最後的步驟當中，左邊的計算機已經被右邊的計算機給活活攻下，這時候右邊的計算機等於完全控制了左邊的計算機，這時候右邊的計算機想要左邊的計算機幹什麼就幹什麼，其恐怖程度完全不輸給你自己點下帶有惡意程式的檔案。

6-11 使用釣魚網址來盜取受害者的帳號密碼

前面所介紹過的駭客技術，都是屬於一種比較暴力的方式，而接下來的這一種，比較不暴力，但卻帶有濃濃的詐欺色彩，例如像下面的假網站就是其中一例：

Step 1 受害者進入假網站：

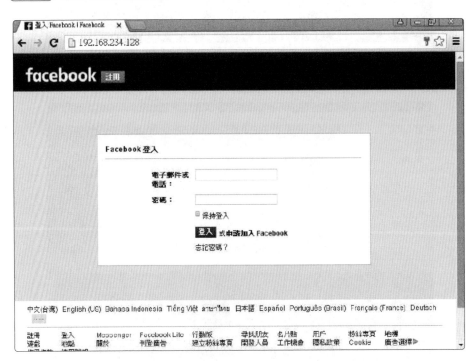

注意,其中框起來的地方,就是所謂的假網址,而假網址又被稱為釣魚網址:

Step 2 受害者在假網站上輸入自己的帳號密碼:

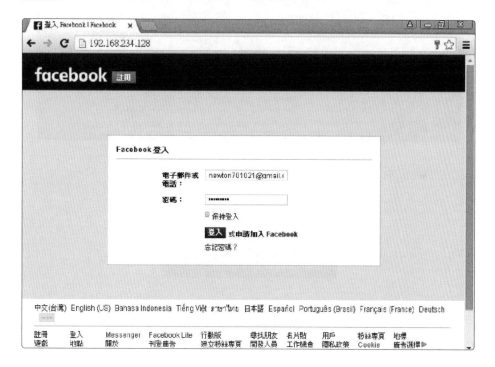

Step 3 受害者的帳號密碼全部被盜回進駭客的電腦裡：

在上面的範例中，假網址是：

但在真實的駭客技術當中，駭客們通常會把上面的假網址 192.168.234.128 給偽裝成像下面這樣子的假網址：

https://www.facebo0k.com/

於是你的帳號密碼就這樣活生生地被盜走，你仔細看一下，上面的假網址跟真實的網址之間有些許的差別，因為真實的網址長這樣：

https://www.facebook.com/

如果稍微不注意，你的帳號密碼就會這樣地被駭客們給活活地盜走，所以你看這手法，駭客們為了要讓你上鉤，幾乎是無所不用其極。

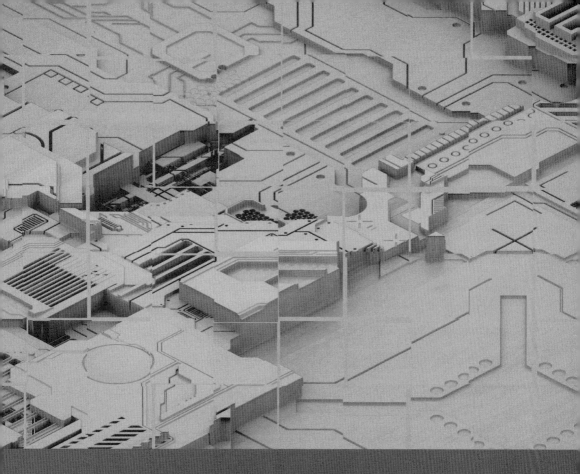

Chapter

07

計算機對社會的影響

7-1 前言

在前面，我曾經講過了計算機與現代人生活當中食衣住行育樂等之間的關係，其實那就是把科技給應用在生活裡頭的例子，而接下來，我們要來延伸這個話題，不同的是，我們針對的話題會比較寬廣，例如計算機與軍事發展等。

在此之前讓我們先來想一個問題，近兩百年以來，人類的生活方式發生了翻天覆地的變化，從農業時代進入到機械時代，後來機械又跟電子結合，一直到今天的網際網路，這些變化全都大大地改變了我們的生活，而這種變化，可不是以前農業時代可比的，讓我們來想兩個問題：

1. 公元前 4000 年前到公元前 3980 年前的這 20 年之間，人類的生活有多大的改變？
2. 公元 2000 年到公元 2020 年的這 20 年之間，人類的生活有多大的改變？

第一個問題的答案就是，人類的生活沒多大的改變，因為那是個農業社會，人們日出而作，日落而息，生活是能有多大的變化呢？

但第二個問題的答案可就不一樣了，在第二題當中，由於計算機的普及，可說是對人類的生活產生了翻天覆地的變化，而這翻天覆地的變化，深深地影響著社會上的各行各業，你看看現在的士農工商，有哪一個行業不會使用到計算機？就連醫生都使用電腦來撰寫患者病歷，農業生展者也用相關軟體來規劃耕作，就連在宗教信仰當中也可以看得到計算機的蹤影，例如像下面東港鎮海宮的線上靈籤就是一個很好的例子（以下引用自東港鎮海宮的網站）：

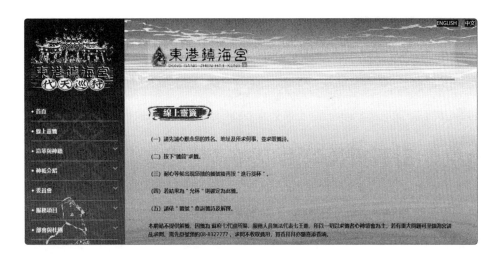

續線上靈籤（以下引用自東港鎮海宮的網站）：

東港鎮海宮所推出的線上靈籤非常有創意，可以說是打破了上千年來，信眾求籤的一種方式。

線上靈籤只是一個例子，接下來我會分節來講述其他的例子，如果對計算機與社會發展有興趣的同學們，可以參考參考接下來的內容。

本文參考與引用出處

https://www.8327777.org.tw/divine.asp

7-2　計算機與政治

在講這個話題之前，讓我們先來看兩個活生生的例子：

【範例 1】

在 2013 年五月的時候，臺灣的公務機關發生了一件非常重大的資安事件，那就是由國家檔案管理局所負責管理的電子公文交換系統被駭客們給入侵，且公文被大量地竊走，詳細情況各位可以參考下列的這則新聞（以下取自公視新聞網）：

續新聞（以下也取自公視新聞網）：

政府資訊安全出現大漏洞，不少機關的公文資料被竊取！行政院今天指出，國家檔案管理局負責管理的電子公文交換系統、這個月初被駭客入侵，而且攻擊手法很精密，可能是有組織性的駭客，行政院目前還無法掌握是來自哪個國家，但已經先要求各單位更新系統。國家檔案局負責管理的電子公文交換系統被駭客入侵，中央及地方政府機關和學校，不少公文資料被複製竊取，行政院資通安全辦公室主任蕭秀琴指出，駭客手法相當精密，推估來自有組織的集團操作，而且使用跳板IP，很難追查是來自哪個國家？但應該跟最近我與菲律賓糾紛無關聯。==聲音來源 行政院資通安全辦公室主任 蕭秀琴== 有組織 有系統地 那種精密的入侵 它不只是會帶病毒進來 它都還會帶其他程式 進來毀屍滅跡 所以那個查證上比較困難 蕭秀琴強調，事發在五月初，由科技公司掃毒時發現異常，現在處理已接近尾聲，除列為第三級資安事件，也大動作更新了七千部電腦系統。新北市研考會主委吳肇銘認為，這次駭客直搗全國各機關交換公文的系統，抓到關鍵的樞紐，影響範圍和程度非常大。==聲音來源 新北市研考會主委 吳肇銘== 這個關鍵的樞紐 只要一旦被病毒入侵的話 每個經過它的 很可能都會沾染到 等於全國的 公文的安全系統就很嚴重 到底偷走了什麼文件？蕭秀琴強調，目前一般機密公文都還是紙本遞送，電子公文交換系統處理的是一般公文，不致於有機密文件，但也不能掉以輕心，已要求各縣市機關藉由系統重建和定期更新來防範。 記者王琪如 張國楙 台北報導

請各位注意一下下面的內容：

首先是分類，請注意分類的標題是兩岸：

首頁 / 兩岸

國家檔案局遭駭 部分公文資料被盜

發布時間：2013-05-24 19:48　更新時間：2021-05-30 05:15

公文　駭客入侵　秀琴　行政院　研考會

另外還有其他的關鍵字：

公文、駭客入侵、秀琴、行政院與研考會等等，其中，關鍵字當中的秀琴是指當時行政院資通安全辦公室的主任蕭秀琴女士，換句話說，新聞的整篇關鍵在說的是政府的公文被駭客們給盜走，而這整件事情，完全跟金融、商業或者是錢等無關。

看完了上面這個例子之後，接下來再讓我們來看下一件。

【範例2】

臺灣政治人物的通訊軟體 Line 被駭客們給入侵，且可保護訊息的「Letter Sealing」進階加密功能，原本設定都是開啟，現在卻被關閉，而這整件事情，跟上一則新聞所報導的目的一樣，也完全跟金融、商業或者是錢等無關（以下引用自自由時報）：

續新聞（以下引用自自由時報）：

2021/07/28 05:30

LINE台灣總公司 緊急強化安全機制

〔記者／台北報導〕府院、軍方、縣市長及朝野政黨等一百多位高層政要，驚傳LINE通訊軟體遭駭客入侵，LINE台灣總公司上週發現後，因事涉國安，不僅緊急強化本身系統安全機制，也發訊息提醒這些可能的受害用戶，近日也已赴總統府向國安會報告，國安會正著手進行調查。

LINE發出的訊息指出，因有安全疑慮，要求用戶將系統的「加密」功能開啟，發現狀況可向我國司法機關報案。

LINE昨天也發出聲明表示，LINE一直積極且謹慎對抗全球性的網路犯罪與攻擊，此次是系統偵測到異常後，立即採取必要措施保護用戶，也已向執法單位報案。數據資安與用戶隱私是該公司最重視的課題之一，LINE也會持續採取必要應對。

不排除內神通外鬼 國安機關調查中

據悉，LINE台灣總公司上週發現有用戶的相關內容遭擷取外流，對象還是我國政要後，立即著手清查所有用戶，驚覺共有一百多位政要疑似被駭客入侵，包括府院高層人士；且用戶的隱私設定中，可保護訊息的「Letter Sealing」進階加密功能，原本設定都是開啟，卻遭到關閉。

為此，LINE馬上著手加強相關安全機制，並將加密功能設定為無法關閉，隨後也主動向國安會進行詳細說明。

由於鎖定的LINE用戶端非常精準，顯示並非是單純駭客，倘若是中國駭客組織情蒐，將對國安造成嚴重威脅，而分析入侵手法，除號稱最強大的間諜軟體的「飛馬」（Pegasus）是可能方式之一，也可能是內神通外鬼，國安機關將著手進一步釐清。

其中，新聞裡頭的「Letter Sealing」進階加密功能就是像下面這樣：

原來的訊息變成了「無法解密此訊息」，也就是說，如果你原本傳送一條「阿花我愛你」的這樣一條訊息給阿花的話，假如開啟此功能，那當別人登入你的計算機之時，那登入的人就看不到「阿花我愛你」的這樣一條訊息，只會看到上面的「無法解密此訊息」的這條資訊而已，換句話說，這功能可以保護你把訊息傳送給阿花的內容，但如果此功能關閉的話，那別人一旦登入進你的計算機裡頭去之時，那別人就可以看到你傳了「阿花我愛你」這一

條訊息給阿花，相關資訊與教學請各位參考 Line 的官方教學網站（以下引用自 LINE 台灣官方 BLOG）：

續內文（以下引用自 LINE 台灣官方 BLOG）：

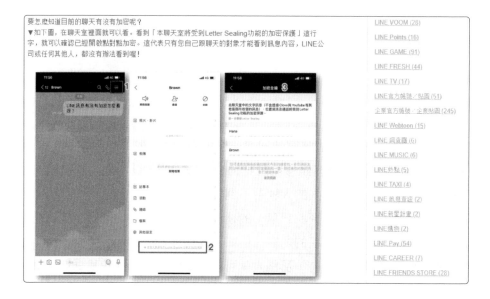

新聞中，還提及一款名為飛馬的駭客軟體（以下引用自聯合新聞網）：

續新聞（以下引用自聯合新聞網）：

蘋果已採取行動，更新軟體防止駭客軟體「飛馬」的入侵iMessage系統。(取自蘋果App Store)

續新聞（以下引用自聯合新聞網）：

> 以色列資安網路情報公司「NSO Group」開發的駭客軟體「飛馬」(Pegasus)，被網路安全監督團體「公民實驗室」(Citizen Lab)發現透過iMessage軟體入侵iPhone等蘋果產品，顯示聊天應用程式已成為駭客入侵政治批評者與民權人士的途徑。但蘋果已提供軟體更新修補漏洞。
>
> 研究人員拒絕透露遭入侵的沙烏地阿拉伯民權人士身分，也未透露NSO的政府客戶。不過Citizen Lab指出，駭客技術被稱為FORCEDENTRY，至少自2月起開始被廣為使用發動「免操作攻擊」(zero-click attack)，能入侵蘋果的iPhone、MacBook和Apple Watch等產品。
>
> 飛馬軟體的免操作攻擊，讓手機使用者不需親自操作，間諜軟體就能被安裝在裝置上，使裝置成為間諜裝置，使用相機錄影、麥克風錄音，並傳送所在地資料、訊息、通話紀錄和電郵給NSO的客戶。
>
> 研究人員斯科特雷爾頓(John Scott-Railton)表示：「若不是飛馬軟體鎖定不該入侵的對象，我們也不會發現。現在聊天軟體已成為資訊安全漏洞。」

續新聞（以下引用自聯合新聞網）：

> 蘋果已提供軟體更新修補漏洞，蘋果安全工程柯斯蒂奇(Ivan Krstic)說：「發現iMessage的漏洞後，蘋果立即進行修復。類似的攻擊極為複雜，軟體耗資數百萬元研發，用來鎖定特定人士。雖然對大部分的使用者不構成威脅，但我們竭盡所能保護客戶，加強保護裝置與資料。」
>
> NSO表示將木馬軟體授權給10多個政府單位與執法單位使用，調查重大犯罪案件；不過公民實驗室和國際特赦組織發現，軟體也被用來監控企業領袖、記者與人權人士。
>
> 一名拜登總統的高級顧問曾與以色列國防部資深官員就間諜軟體會晤，國會議員也要求白宮施予制裁與調查，喝止軟體遭濫用。

讀完了上面的新聞之後各位都看到了嗎？飛馬這款駭客軟體，受害者不需要操作自己的手機，自己的手機便會被入侵。

讓我們回到我們的主題，上面的兩則新聞裡頭，駭客所鎖定的對象，不是政府機關就是政治人物。不像一般駭客針對的目標是金融、商業或者是錢等。而像這種案例，就是當前計算機技術所衍伸出來的一個問題，而這問題，所涉及到的層面就是政治。

讀到這，也許各位會問，那兇手是誰？其實這個問題，我們作者以前有跟其他的資安人員一起討論過，那時候資安主管說，在這個這世界上，是有哪一個國家會對中華民國政府這麼感興趣呢？

話都說到這份上了，我想答案應該呼之欲出了吧！

本文參考與引用出處

https://news.pts.org.tw/article/241157

https://news.ltn.com.tw/news/politics/paper/1463246

https://official-blog-tw.line.me/archives/78352086.html

https://udn.com/news/story/7098/5747660

7-3 計算機與軍事

在講這個話題之前，讓我們先來看一則新聞（以下引用自蘋果新聞網）：

中科院採購雲端儲存，竟見中國百度，儘管未聯網，但已將台武器研發機密資訊置於險境。事實上，隨著科技發展日新月異，各國戰爭由傳統武器戰走入資訊戰，電腦病毒的威力有時甚至比一顆炸戰還猛烈，各國都嚴防駭客入侵，避免機密訊息遭竊取。1991年波斯灣戰爭時，美軍僅利用印表機植入病毒程式，就癱瘓了當時戰力不弱的伊拉克部隊。

續新聞（以下引用自蘋果新聞網）：

1990 年因伊拉克軍隊入侵科威特，以美國為首的多國部隊，取得聯合國授權後，於 1991 年展開軍事行動，第一次波斯灣戰爭開始；當時美軍展開進 42 天空襲行動，順利癱瘓伊拉克防空系統。

根據美國公布的資料顯示，美國情報單位在獲知伊拉克軍方經由約旦向西方國家購買一批列印設備，美情報單位立即決定在此批列印設備上，更換原有的印表機晶片，並順利由伊拉克軍隊接收，並安裝到伊拉克部隊的電腦上使用。

而在美軍確定要進攻伊拉克前，美軍即利用遙控設備啟動印表機上的美軍間諜晶片，並迅速將電腦病毒傳輸到伊拉克部隊的所有連線電腦，也讓伊拉克的防空系統無法運作，才讓以美國為首的空襲聯軍直接進入伊拉克境內進行轟炸，並讓伊拉克的空軍毫無反抗能力，伊拉克最後也輸了該次戰役。（王炯華／台北報導）

這則新聞的內容主要是說，伊拉克軍隊使用了被植入在印表機當中的間諜晶片，接著，美軍傳送電腦病毒，並藉此癱瘓伊拉克的防空系統，讓伊拉克空軍幾乎毫無招架之力，也就是大大地削弱了伊拉克的攻擊能力。

看完了上面的新聞之後，現在就讓我們來反思一下。

各位都知道，在我們的生活當中，計算機已經深深地普及在你我的周遭日常裡，假如現在有某個國家要來攻打我國，那你想像一下，要是對方的第一步，也是採取跟上面的波斯灣戰爭所用的手法一樣，屆時我國的交通、電力、水利、醫療、通訊與金融等全部都被癱瘓的話，那你想後果會怎樣？

結論只有一個，那就是全國大混亂，而敵軍，便可以趁此機會，入侵我國。

在人類早期的戰爭當中，所用的武器是石頭，後來才有了鐵器與青銅等當武器，可是再怎樣玩，終究還是打陸地戰，直到造船術的興起，於是才有了海戰，所以，在現代的戰爭中，基本上戰爭已經有下列的五種型態，分別是：

1. 陸戰
2. 海戰
3. 空戰

4. 太空戰

5. 網路戰

其中，網路戰又被稱為資訊戰，是現代新興起來的一種新型戰爭，情況就如同最開始所介紹過的新聞那樣。

資訊戰的玩法其實有很多，我舉一個例子，各位還記得物聯網吧？在物聯網的世界裡，所有的機器或設備都可以透過網路恩愛地相連在一起，換句話說，如果其中一台機器或設備被電腦病毒給感染的話，那可就會造成一家烤肉萬家香的悲劇了，或者是敵國發動網路攻擊，藉此來癱瘓網路，並讓物聯網當場失去網路的功能。

其中一個最著名的例子，就是震網（Stuxnet）又名為超級工廠的這款計算機蠕蟲病毒，Stuxnet 這傢伙非常複雜，其複雜程度遠遠地超越了本書的範圍，重點是，Stuxnet 所攻擊的對象是伊朗的核電廠，這樣説，你就知道我想要説些什麼了吧！

最後我想再提另外一個例子，各位有聽過「商場如戰場」這句話嗎？這句話的意思是説，商業競爭就跟軍事戰爭沒什麼兩樣，講的是競爭與勝負，而既然要講競爭與勝負，那你想，蒐集情資是不是就是了解對方陣營的第一要務了？

在某一年的因緣際會之下我認識了一位老闆，這位老闆在業界裡頭赫赫有名，提到他，同業裡沒人不知道他的鼎鼎大名，也因此，這間公司（以下簡稱為 A 公司）常常就是同業心中的眼中釘、肉中刺，但各位也知道，「同行相忌」這句話可不是蓋的，畢竟市場就如同一塊餅，能分的，往往就只有那幾個人，所以公司之間會互相競爭與彼此猜忌就已經變成商場上的兵家常事，而事情，就發生在這時候。

A 公司會在每個月的 25 號當天來整理帳務，並結算出當月的進出貨等相關事情，可是呢！A 公司往往在每個月的 25 號當天，總會覺得為什麼自己公司

的網路都會「卡卡的」，這件事情一開始全公司上下都沒人去 care，畢竟一個月也才發生這麼一次而已，但時間久了，總是會惹來公司內部某些人的疑問，後來公司找來外部的資安廠商，一查之下才發現到自己公司內部的電腦已經被安裝了木馬，而且這木馬固定會在 25 號當天就把公司內部的帳務等資料全往國外的伺服器送出去，也就是説，A 公司的內部文件等，全都被看光光。

這件事情 A 公司的老闆並沒有報警，因為老闆深怕一旦報警，會讓消費者與投資者立刻失去信心，後來老闆跟我説，原來做這種事情要耗費很大的精力與成本，接著又説我想了想，在這個世界上會針對我來做這件事情的，全世界大概只有 B 公司而已了吧！

我之所以舉這個例子就是要告訴各位，計算機病毒不僅可以用在軍事戰場上，也可以用在像是軍事戰場的商業競爭上，例如上面的商業級間諜軟體，就是一個活生生的例子。

本文參考與引用出處

https://tw.appledaily.com/politics/20200706/
ET4Z5HCULDF2IVOJVZ2KKQ6SMI/

7-4 計算機與金融交易

你知道嗎？計算機所衍伸出來的技術是可以改變人類的生活習慣，哪怕這個生活習慣已經根深蒂固一個國家好幾千年，換句話説，一項科技產品便可以推翻幾千年以來的傳統，例如本節的金融交易就是一個活生生例子。

話不多説，先讓我們來看段歷史。

在以前沒有貨幣的那個時代，人與人用的是以物易物的方式來做交易，以物易物的意思就是說，我用我身邊的物品或服務，來跟對方交換物品或服務，最簡單的例子就是，我用我的愛瘋 4 來交換你手上某位明星的寫真集，這就是以物易物的一個例子。

以物易物的方式雖然簡單，但卻有個問題，那就是交換的內容可能不等價，就拿上面的例子來說，拿自己的愛瘋 4 來跟別人交換寫真集，這怎麼想都不划算，所以囉，如果有個比較客觀的交易模式來進行交易的話，這樣子的交易模式就會比較公平，而不會出現拿自己的愛瘋 4 來跟別人交換寫真集的不合理交易，於是貨幣便因此而生，之後人與人之間便開始使用貨幣來做交易。

根據記載，人類最早交易的貨幣是貝幣，例如下面從商代林遮峪遺址出土的銅貝就是一個例子（以下引用自維基百科）：

下面的這個例子則是西周的貝幣（以下引用自維基百科）：

接下來的是春秋晚期銅包金貝的貝幣（以下引用自維基百科）：

與此同時，出現了一種被稱為刀幣，又被稱為刀錢的一種貨幣，刀幣或刀錢
在戰國時期就已經在齊、燕與趙等國流通（以下引用自維基百科）：

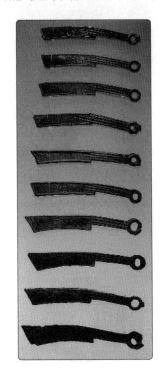

當然啦！戰國時期所流通的貨幣除了刀幣以外，還有一種被稱為布幣的貨幣（以下引用自維基百科）：

而戰國時期除了刀幣與布幣之外，當時的秦與魏流行的貨幣還有圜錢（以下引用自維基百科）：

圜錢也被稱為圜金或環錢，形狀為圓形，中間有一個圓形孔洞，並且錢的上面還鑄有文字。

中國的貨幣，自圜錢之始，便已經成為了貨幣的標準範例與主流，之後的歷朝歷代，多以圜錢為主，發展了後來所謂的方孔錢（孔方錢、圓形方孔錢或方孔圓錢）（以下引用自維基百科）：

直到清末與民國時代，方孔錢才被銀元所取代，以下為 1912 年也就是中華民國元年，由四川軍政府所造的「漢」字壹圓（川板）（以下引用自維基百科）：

這是 1914 年也就是中華民國三年的袁世凱像壹圓（袁大頭）（以下引用自維基百科）：

這是 1927 年也就是中華民國開國紀念幣的孫像壹圓（孫小頭）（以下引用自維基百科）：

這是 1934 年也就是中華民國二十三年的孫像帆船壹圓（船洋）（以下引用自維基百科）：

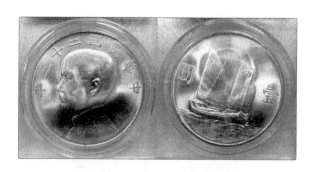

最後讓我們來看的是，目前正流行臺灣、澎湖、金門與馬祖的新台幣（以下引用自維基百科）：

前面講的貨幣，不是貝殼就是金屬，而不論是貝殼或金屬，在使用或者是攜帶起來都相當不便，因此，中國的貨幣演變到唐朝之時，貨幣便出現了轉變。

唐憲宗時，曾出現過一種類似於匯票的飛錢，使用者主要先把錢給存進 A 地的諸軍、諸節度使、諸道進奏院或者富豪門閥等單位，之後由這些單位來開立票券，於是使用者便可以持票券在 B 地就把錢給領出來，而飛錢之所以出現的原因就在於：

1. 銅錢數量不足
2. 黃金與白銀的流通量少
3. 銅錢攜帶不便

貨幣發展到宋朝時，出現了交子與會子這樣子的紙幣，以下為交子（以下引用自維基百科）：

以下為會子（以下引用自維基百科）：

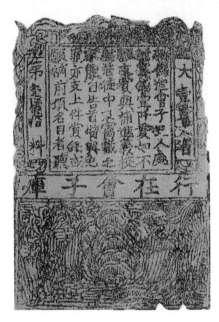

交子與會子的出現，可以說是創造了人類歷史上第一次使用紙幣的例子，但這個例子在誕生之前卻有許多的弊端，由於當時候的交子與會子是由類似於現代民間銀行的組織也就是交子鋪所自行印製與發行，而這一舉動，卻導致亂象與訴訟叢生，直到後來經由益州政府整頓，政府規定只有特定的 16 戶富豪才能夠經營交子鋪，且信用全由官府來背書，這樣一來，宋朝紙幣遂變成了世界官方紙幣的第一起首例。

而紙幣到了金朝與元朝之時，紙幣被稱為交鈔，簡稱為鈔，是由金朝與元朝政府所發行並流通於世的紙幣（以下引用自維基百科）：

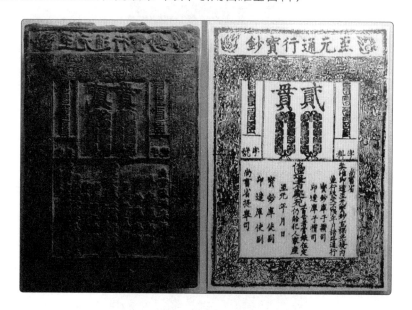

各位可以看一看，以上就是中國使用貨幣的例子，算一算時間，從原始的貝幣開始，到現在的 2022 年為止，這中間經過了幾千年，而這幾千年以來，人類都一直在使用貨幣來做交易，而這些貨幣，全都是看得到也摸得到，不但如此，貨幣的發行漸漸地由官方來背書，並有效地管理金融與交易秩序，直到今天。

好啦！講了這麼多，我們終於要回到我們的主題，也就是《計算機與金融交易》。

2018 年，那時候我人在北京，但由於第一次去，所以身上只帶了信用卡以及人民幣而已，到了北京之後，我才發現在北京的生活有點麻煩，因為北京的生活跟臺北不太一樣？為什麼？讓我們來看個我在華為買一條手機充電線的例子：

作者：請問一下有沒有手機充電線？

店員：有的，請問您的手機是？

作者：我的手機是 Android

店員：那請問您要的規格是 Type C 嗎？

作者：是的

過了五分鐘之後，店員把我要的 Type C 手機充電線給拿了過來，之後店員說這一條 70 塊錢。

於是我便拿了一張 100 元人民幣的現鈔給店員找，結果店員一看這張面額 100 元的人民幣之時，似乎當場稍微愣了一下，接著我看他便在櫃台裡頭東翻西找，找了一會兒之後店員便跟我說，請問您有沒有「微信支付」？

那時候我心想，我外地來的觀光客哪來的微信支付，於是便告訴了店員實情之後，店員便跟我說，我們店裡頭沒有錢，不好意思，我現在去幫您問問看哪一家有零錢。

關於上面的這則故事，生活在臺灣的各位不知道有沒有什麼感想？也許你會覺得很扯，為什麼堂堂一間紅遍全世界的大公司華為，它們位於北京的百貨門市竟然會沒有現金可以找零錢給客人。

我記得 2013 年我去上海的時候，那時候的商業市場，大家交易的貨幣還是現金，當然信用卡也可以，沒想到只過了短短的五年而已，中國大陸在商業的交易市場上竟然會出現如此巨大的變化。

好了，再繼續講下去之前，讓我們先來講一些預備知識，這些預備知識會讓你了解微信支付的方便性，以及為什麼微信支付會在中國大陸如此普及，更

重要的是，從微信支付的這個例子當中我們可以知道，計算機的出現打破了中國人數千年以來傳統的貨幣交易方式，首先，讓我們先來認識條碼。

✏️ 知識點 1- 條碼，也稱為一維條碼

什麼是條碼呢？條碼使用的是一種寬度不同的黑線與空白，並按照編碼規則，來表示某種資訊的圖形識別碼，這樣講太抽象了，讓我們來看個例子（以下引用自維基百科）：

在上圖中，有許許多多的黑線與空白，注意這些黑線與空白的寬度都不一致，由許多寬度不一致的黑線與空白，按照編碼規則，便組成了上面的圖，其中，寬度的部分記載著資料，至於長度的部份則是沒有記載著資料，上圖中由黑線與空白所組成的意思就是指英文單字「Wikipedia」

而像這種條碼，我們又稱為一維條碼，一維條碼的應用範圍很廣，讓我們來看個生活上的實例之後各位就知道了（以下引用自維基百科）：

上圖，是一張機票的登機證，看到了嗎？登機證的上面印著一維條碼
（以下引用自維基百科）：

乘客搭飛機之前，空服員會先對你的登機證，使用下面的條碼掃描器
（以下引用自維基百科）：

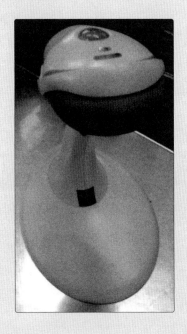

來掃描一維條碼，掃描完之後解碼，並得到有意義的資訊，最後空服員
便可以當場得知乘客的相關資料。

🔦 知識點 2- 二維碼，也稱為二維條碼

有了一維條碼之後，後來就有人在一維條碼的基礎上，發明了二維條碼，二維條碼的設計原理與一維條碼很像，都是一個帶有資訊的圖案，差別只是在於，二維條碼的長度與寬度都記載著資料，因此，二維條碼也稱為二維碼，讓我們來看個範例（以下引用自維基百科）：

這個二維碼所表示的意思就是：

http://zh.wikpedia.org

二維碼有很多個種類，其中目前最有名，也最普遍的二維碼就是 QRCode 或者是 QR 碼，其英文名稱為 Quick Response Code，讓我們來看個範例（以下引用自維基百科）：

各位看到了嗎？其中左邊的微信支付，就是本節的主角，它是個二維碼同時也是個 QR 碼。

QR 碼的好處就在於，QR 碼具有快速解碼的功能，所以在目前的交易市場上，非常受歡迎，例如本節的微信支付就是一個範例。

微信支付目前支援手機，包括 Android 以及 iOS 作業系統，所以使用者必須得先在自己的手機上來下載微信（以下引用自 Google Play）：

當使用者下載完微信這款通訊軟體之後，接著便到中國大陸的各大銀行去開戶與存錢，之後使用者把自己的銀行卡與微信支付給綁在一起，而當使用者與商家交易之時，只要使用者打開微信支付，掃掃店家所提供的二維碼或者是 QRCcode 之後，便可以把錢透過網路來支付給店家，而中間則是會透過服務商與銀行來管理整個交易過程，你看，使用手機來交易是不是非常方便？

最後我要跟各位說的是，像微信支付這種交易模式，跟中國傳統幾千年以來的交易模式完全不一樣，微信支付使用的是計算機軟體以及計算機網路通訊技術，當然背後也有服務商與銀行在對整個交易來做控管，而這種交易方式，讓人幾乎可以不帶任何現金，就可以在中國大陸活了下來，就像作者我回臺灣之時，從北京一路到天津，再從天津到山東，又從山東飛回臺灣，這中間我完全沒用過任何現金，用的全都是微信支付，重點是，我可以完全不用怕錢會被偷被搶，因為只要一機在手，事情就完全搞定。

最後我要補充兩點：

1. 香港與澳門地區是否能用微信支付這我不清楚，有興趣的各位可以問問

2. 臺灣不流行微信支付，但卻可以使用通訊軟體 Line 來支付，這情況類似於微信支付

本文參考與引用出處

https://zh.wikipedia.org/zh-tw/%E8%B4%9D%E5%B8%81

https://zh.wikipedia.org/zh-tw/%E5%88%80%E5%B8%81

https://zh.wikipedia.org/zh-tw/%E5%B8%83%E5%B8%81

https://zh.wikipedia.org/zh-tw/%E5%9C%9C%E9%92%B1

https://zh.wikipedia.org/zh-tw/%E9%8A%80%E5%9C%93

https://zh.wikipedia.org/zh-tw/%E4%BA%A4%E5%AD%90

https://zh.wikipedia.org/zh-tw/%E4%BA%A4%E9%88%94

https://zh.wikipedia.org/zh-tw/%E6%96%B0%E8%87%BA%E5%B9%A3

https://zh.wikipedia.org/zh-tw/%E6%96%B9%E5%AD%94%E9%92%B1

https://zh.wikipedia.org/zh-tw/%E6%9D%A1%E5%BD%A2%E7%A0%81

https://zh.wikipedia.org/zh-tw/%E7%99%BB%E6%A9%9F%E8%AD%89

https://zh.wikipedia.org/zh-tw/%E4%BA%8C%E7%B6%AD%E7%A2%BC

https://play.google.com/store/apps

7-5 計算機對於社會的其他影響

前面講了計算機對於政治、軍事與商業的影響之後,接下來我要來綜合討論一些案例,這些案例非常重要,因為有的案例因時空環境影響,而凸顯出了計算機對於我們日常生活的重要性,但也有的案例卻給社會帶來了犯罪等麻煩問題,現在,就讓我們來了解一下,首先是工作型態的部分。

工作型態

2019 年,新冠肺炎席捲全世界,也因為這場肺炎,大大地改變了我們的生活,那時候為了避免感染,各國政府都提倡能在家工作,那就盡量在家工作,不但如此,就連去學校上課的型態也要跟著改變。

那問題來了?怎麼改變?

在此之前,先讓我們來看一個活生生的例子,小雪是某公司裡頭的一位程式設計師,由於新冠肺炎在全球肆虐,於是公司下令,自即日起,公司全體員工一律在家裡頭辦公,那時候公司告訴全體員工,請各位先去 Google Play 上下載一款名為 Google Meet 的軟體(以下引用自 Google Play):

而 Google Meet 開啟之後，便可以多人一起開會，情況如下圖所示（以下引用自 TechNews 科技新報）：

在新冠肺炎流行之前，類似 Google Meet 這樣子的視訊軟體就已經漸漸地流行於世，例如說，一間全球性的跨國企業在世界各國都有子公司，假如這些子公司們的員工要在同一時間一起開會的話，這些員工們只要下載功能類似於 Google Meet 這樣子的軟體之後，約好時間，最後這些員工們便可以聚在一起開會了，情況就如上圖所示。

你看，類似 Google Meet 這樣子的視訊軟體是不是給企業省下了把員工給召回母公司開會的成本（如機票），當然還有員工們的寶貴時間。

人際交流

阿章是一位臺灣人，因緣際會之下與紐西蘭人結婚，婚後兩人回到紐西蘭去發展，但話雖如此，離臺灣千里遠的阿章對臺灣還是會有思鄉之情，可是你想想，紐西蘭離臺灣可不是從臺北到臺中那樣的距離，也因此，阿章便常常使用了通訊軟體來跟位於臺灣的家人打屁聊天，例如下面的 Facetime（以下引用自維基百科）：

與 Line（以下引用自維基百科）：

而有了 Facetime 或 Line 之後，就算是人遠在紐西蘭的阿章，也可以藉此來跟遠在臺灣的親人與朋友們來面對面聊天（以下引用自蘋果官網）：

其實這種通訊軟體別説人際交流，就連工作面試等，也已經漸漸地使用通訊軟體來處理，所以你看，計算機的網路通訊技術是不是很方便？而這種方便，也已經漸漸地在不知不覺中慢慢地改變著我們的日常生活。

犯罪型態

犯罪型態除了前面所講過的資訊安全之外，再來就是網路簽賭（或稱線上簽賭）、虛擬貨幣詐騙以及投資詐騙等情事，讓我們一個一個地來看這些實際案例。

網路簽賭

網路簽賭又稱為線上簽賭，讓我舉個真實案例。

有一天，阿博經人介紹用自己的手機上到簽賭網站，一開始阿博只下了點注，前幾局，阿博幾乎是把把手到擒來甚至是虎虎生風，但直到從某局開始之後，他便逐漸小輸，但有時候又小贏，直到後來越玩越大，玩到最後，阿博把他的結婚本全都給輸光。

像阿博這樣的案例，只是社會上的冰山一角而已，讓我們來看一則新聞上的真實案例（以下引用自 TVBS 新聞）：

討180萬賭債！7煞砍人丟包醫院 3人落網

TVBS新聞　2小時前

全文如下：

25 日凌晨，台北市南港一名男子，被 7 名惡煞埋伏持刀砍傷，還被擄走丟包在醫院門口，後來，其中 3 名嫌犯落網，供稱是要來追討債務。原來被害人疑似玩網路簽賭，欠下 180 萬，為了贏回來，他常跑到南港一處私人神壇求財，沒想到行蹤卻被掌握。

看到目標從公寓內走出來，一票埋伏已久的黑衣人立刻拿著棍棒下車，還叫另一輛車堵住去路，包圍對方，把被害人打趴在地，還拖行強押上車，同行朋友想開車門救人，還被辣椒水攻擊。

被害人當街被擄走，原來是被載到醫院門口丟包，他滿頭是傷，自己走進急診，最後由醫院通報，事情才曝光。

31 歲張姓主嫌和 2 名小弟事後落網，他宣稱被害人欠他賭債，才會擄人討錢，至於另外兩名小弟則是當天在場，兩輛轎車的車主也躲不了，但警方不排除背後有幫派，他們只是受到委託前往討債。

由於被害人有賭債問題，他時常會跑到昆陽，這個私人的小神壇來求財，希望能贏回來，沒有想到因為太過頻繁，行蹤反而被對方掌握。

南港這個私人小神壇，外傳在求財方面特別靈驗，但因為隱藏在公寓樓上，連附近鄰居都很少聽說，林姓被害人疑似玩網路簽賭，欠下賭債高達 180 萬，才會三不五時就來拜拜，奇怪的是，他現在傷成這樣，卻始終堅持，不提告難道是有把柄在對方手上嗎？

就連警方在做筆錄時，他也針對案情避重就輕，說不認識對方，偏偏嫌犯說認識他，且目標顯然有隱情，而現在還剩下 4 個人在逃，一切的答案，恐怕還得他們都抓到，才能逐漸拼湊出來。

看完了網路簽賭之後，接下來讓我們來看虛擬貨幣詐騙。

虛擬貨幣詐騙

還是一樣，讓我們來舉個例子，阿龍是個領死薪水的公司職員，有一天，他從某管道上得知現在有某虛擬貨幣正熱得很，於是他經人介紹，便聯繫上了經營虛擬貨幣的網站管理員，對方要他把錢存入對方所指定的國外戶頭，與此同時對方也給阿龍一個網址，阿龍從這網址當中便可以連到一個網站，而網站上面則是可以看到他所投資的虛擬貨幣目前的漲跌情況，但事情就是發生在這裡。

阿龍一直看著自己所投資的虛擬貨幣不斷地漲價，原先他只投了台幣 10 萬而已，結果算一算，現在他所投資的虛擬貨幣，在網站當中竟然已經漲到了台幣 50 萬，價格遠比他當初所投下去的整整翻了好幾倍，阿龍心想，這下賺到了，於是，他便想要從這網站當中把虛擬貨幣給提領出來，並換成台幣，讓自己爽一下，可是這下問題來了，虛擬貨幣竟然領不出來！

這下阿龍可著急了，於是阿龍便趕緊聯絡對方，哪知道對方一直告訴阿龍說別著急，是我們網站出了點問題，等網站的後台人員把網站給修理完畢之後，阿龍你就可以把錢給領出來，接著對方還告訴阿龍說，阿龍現在行情正好，你把錢放著，錢會繼續漲價，如果可以的話，你不如再多投一點錢進來

這樣你會賺更多，聽完了對方的話之後，阿龍果真又投了 10 萬台幣過去，這下阿龍所投的 20 萬台幣，沒幾天之後就暴增到了 100 萬台幣。

這下阿龍可受不了了，於是他便告訴對方，他要把錢給領出來，但對方又再次推拖，但這次阿龍可忍不下去，於是對方便請出了美女戰術來安撫阿龍的心情，阿龍沒辦法，看在美女的份上阿龍就只好再繼續地等下去，幾天後，阿龍還是向對方提出了提領的要求，但這下可好了，對於阿龍的要求，對方不但不理會，而且阿龍收到的全都是對方來的謾罵、威脅與恐嚇，幾天之後，網站關閉，阿龍所投下去的 20 萬台幣全部化為烏有，換句話說，這一切全部都是一場騙局一場空。

看完了真實案例之後，接下來讓我們來看一則新聞（以下引用自聯合新聞網）：

全文如下：

桃園市楊梅警方日前在桃園區莊敬路查獲毒品咖啡包分裝工廠，逮捕 25 歲李姓、23 歲邱姓男子，當場在該棟租屋查獲毒品咖啡包 160 多包及 FM2 毒品粉末 400 多公克，平鎮警方查獲 30 歲陳姓男子同夥 7 名詐欺集團，利用網路假虛擬貨幣投資平台詐騙吳姓兄弟 2400 萬元，市警局長陳國進會同義刑大隊頒發獎金鼓勵，他今天下午表示，警方全力掃黑、肅槍、打詐及緝毒，列管治安案件「偵破是最好防禦」，希望透過頒獎勵鼓舞警方破案提振士氣。

平鎮警方表示，陳姓男子「車手頭」為首的詐欺集團，在台中架設網路假虛擬貨幣投資平台，透過網路假宣傳「穩賺不賠」投資，讓吳姓男子誤為帳面賺取暴利，更介紹弟弟加入投資，10 個月來利用面交和匯款給陳男旗下車手

及假帳戶 2400 萬元，吳姓兄弟發現被騙，警方日前分別至台中、桃園、新北等地逮捕陳男及車手詐欺集團 7 人，依詐欺罪嫌移送檢方偵辦。

楊梅警方表示，上月警方據報桃園區莊敬路一棟房子從事毒品分裝工廠，經多日埋伏，日前持搜索票突襲當場逮捕李姓、邱姓男子，在屋內查獲毒品咖啡包 160 多包及 FM2 毒品粉末 400 多公克、分裝袋等設備，2 人坦承犯案，警方將 2 人依毒品危害防制罪嫌移送地檢署偵辦及追查毒品來源和流向。

陳國進會同桃園市義刑大隊長吳裕松、副大隊長彭久銘、簡茂彬等人前往頒發獎金，陳國進表示，掃黑、肅槍、打詐及緝毒為警方列管治安重點，警方幾個月來多有斬獲，尤其影響人民財產最大的阻詐案件從過去一個月最高 700 多件，減少一半以上大幅下降，保護人民財產安全，員警努力值得肯定。

市警局刑警大隊長唐嘉仁表示，警方在掃黑、肅槍、緝毒之外，為打擊詐騙採加強查緝車手，與銀行合作推動臨櫃匯款關攔阻及鎖定人頭提領帳戶將車手以現行犯逮捕，配合防詐騙宣導，降低詐騙案件維護人民財產安全。

至於投資詐騙的部分，跟虛擬貨幣詐騙的原理一樣，各位可以看一則新聞（以下引用自聯合新聞網）：

udn ／ 社會 ／ 社會萬象　　　　　　　聽新聞 ▶　　━━━━━━　0:00 / 0.00

桃警連破網路「老師」假投資詐騙 行員機警阻詐警表揚

2022-03-09 18:13 聯合報／記者曾增勳／桃園即時報導　　　　＋ 詐騙

全文如下：

桃園市平鎮、龍潭地區 64 歲劉姓、68 歲秦姓婦人分別在網路群組，誤信「股市老師投資帶你上天堂」，欲匯款「老師」戶頭代為投資，2 人分別至平鎮中信銀行南中壢分行、合庫銀行龍潭分行匯款 56 萬、40 萬元，2 銀行員機警即時報警，保住 2 婦人老本，平鎮分局長吳明彥及龍潭警方今天向 2 銀行行員及超商店員頒發感謝狀和禮券，表揚銀行員和店員阻詐有功，避免民眾血本無回。

平鎮、龍潭警方指出，平鎮劉姓婦人至中信銀南中壢分行匯款 56 萬元，行員詢問，劉婦說要投資用，行員警覺是詐騙案，緊急通報警方，查出劉婦誤信網路「老師」投資虛擬貨幣獲利，龍潭秦姓婦人至合庫龍潭分行匯款 40 萬元，也是行員機警通報警方，查出秦婦在臉書看到投資廣告，連結 Line 群組「李國方」投顧老師，「李老師」佯稱調度資金投資，秦婦竟相信準備匯款，2 起假投資詐騙案在銀行員、警方合作下阻詐成功。

平鎮、龍潭警方頒獎狀表揚 2 家銀行員機警保住 2 婦人積蓄，平鎮警方上月每周成功阻止 1 至 2 起詐騙案，吳明彥親自感謝中信銀行員機警阻詐，他表示，「道高一尺、魔高一丈」，最近網路群組連結假投顧、虛擬貨幣投資及網路點數假儲值等詐騙手法層出不窮，總是有的民眾誤信被騙，警方與金轄內金融機構建立聯防機制阻詐，也呼籲民眾不要隨意連結軟體投資群組，遇疑似詐騙情境，立即撥打 165 專線或 110 報案，避免積蓄被騙。

在看完了這些案例之後，不知道各位心裡頭有什麼感想？我必須得告訴各位，網路其實是個很危險的地方，你看在前面的資訊安全當中所介紹過的釣魚網址，如果你一不小心點到了釣魚網址，那你的帳號密碼就會全部被回傳進駭客的電腦裡。

駭客的目的是為了錢，這些人因為有知識有技術，所以這些人便可以運用知識與技術來進行犯罪，但問題是，不是每個人都能夠像駭客那樣對計算機有很深刻的認識與了解，於是便有了像網路簽賭、虛擬貨幣與投資詐騙等技巧出現，這些技巧，其實都不太需要什麼過於高深的專業知識就能辦到，有的你還可以乾脆外包給專業人士來幫你處理，所以我得告訴各位，網路其實是一個很危險的地方，尤其是對不知道的人來說，更是如此。

就第一個線上簽賭的案例來說，我必須得告訴各位，十賭九輸這句話是賭場上的真理，因為這世界上沒有一個人開賭場就是要來賠錢的，所以像阿博的那個例子，程式設計師在設計賭博程式之時，會對下注程式來動手腳，使得整場賭局對玩家來說非常不利，於是才有了像阿博那樣把自己的結婚本給全部輸光的案例。

至於阿龍的部分也是一樣，對方利用阿龍的貪念，所以才會著了人家的道，也就是剛好正中下懷，而我之所以要告訴各位這些案例與新聞，就是要讓大家知道現在網路上存有這些陷阱，只要你避開這些陷阱，我相信，就算你的人生不好過，至少也不會給自己惹來一身腥。

最後，感謝新聞記者們撰寫這些新聞，好讓我們可以多了解計算機與社會犯罪等問題。

本文參考與引用出處

https://zh.wikipedia.org/zh-tw/Google_Meet

https://technews.tw/2021/06/29/google-meet-limited-time-over-3-people-only-1hour/Google Play

https://apps.apple.com/tw/app/facetime/id1110145091

https://news.tvbs.com.tw/local/1750918

https://udn.com/news/story/7321/6178612

https://udn.com/news/story/7320/6152654

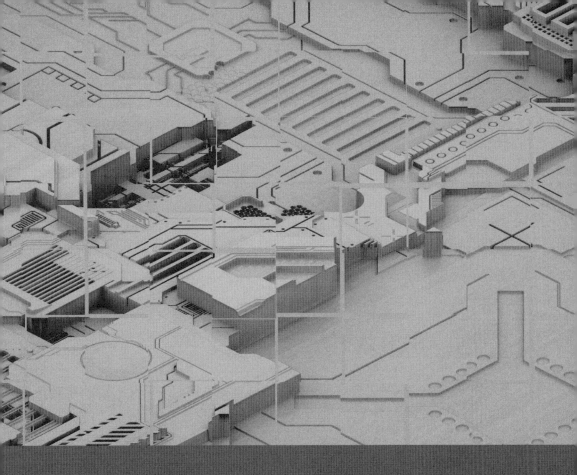

Appendix

A

附錄

A-1 前言

本書的社團自 2016 年開始營運至今，算一算時間也已經整整過了六年，在這六年裡頭，我們收到了很多人來信，其中有的問題很值得探討，有的我已經寫在前面當案例，不過那些全都是化名，剩下的部分，我則是放在附錄裡僅供大家參考，當然啦！附錄不只有讀者以前的來信問答，還有一些相關的補充知識也順便告訴大家，也許大家未來會用得上也說不定。

A-2 ASCII 編碼

前面，我有講過編碼，而目前世界上最普遍的編碼之一，就是 ASCII 編碼（以下擷取自維基百科）：

ASCII 控制字元（共 33 個）

二進位	十進位	十六進位	縮寫	Unicode 表示法	脫出字元表示法	名稱／意義
0000 0000	0	00	NUL	NUL	^@	空字元（Null）
0000 0001	1	01	SOH	SOH	^A	標題開始
0000 0010	2	02	STX	STX	^B	本文開始
0000 0011	3	03	ETX	ETX	^C	本文結束
0000 0100	4	04	EOT	EOT	^D	傳輸結束
0000 0101	5	05	ENQ	ENQ	^E	請求
0000 0110	6	06	ACK	ACK	^F	確認回應
0000 0111	7	07	BEL	BEL	^G	響鈴
0000 1000	8	08	BS	BS	^H	退格
0000 1001	9	09	HT	HT	^I	水平定位符號
0000 1010	10	0A	LF	LF	^J	換行鍵
0000 1011	11	0B	VT	VT	^K	垂直定位符號
0000 1100	12	0C	FF	FF	^L	換頁鍵
0000 1101	13	0D	CR	CR	^M	CR（字元）
0000 1110	14	0E	SO	SO	^N	取消變換（Shift out）
0000 1111	15	0F	SI	SI	^O	啟用變換（Shift in）
0001 0000	16	10	DLE	DLE	^P	跳出資料通訊
0001 0001	17	11	DC1	DC1	^Q	裝置控制一 （XON 啟用軟體速度控制）
0001 0010	18	12	DC2	DC2	^R	裝置控制二
0001 0011	19	13	DC3	DC3	^S	裝置控制三 （XOFF 停用軟體速度控制）
0001 0100	20	14	DC4	DC4	^T	裝置控制四
0001 0101	21	15	NAK	NAK	^U	確認失敗回應
0001 0110	22	16	SYN	SYN	^V	同步用暫停
0001 0111	23	17	ETB	ETB	^W	區塊傳輸結束
0001 1000	24	18	CAN	CAN	^X	取消
0001 1001	25	19	EM	EM	^Y	連線媒介中斷
0001 1010	26	1A	SUB	SUB	^Z	替換
0001 1011	27	1B	ESC	ESC	^[	登出鍵
0001 1100	28	1C	FS	FS	^\	檔案分割符
0001 1101	29	1D	GS	GS	^]	群組分隔符
0001 1110	30	1E	RS	RS	^^	記錄分隔符
0001 1111	31	1F	US	US	^_	單元分隔符
0111 1111	127	7F	DEL	DEL	^?	Delete 字元

續 ASCII 編碼（以下擷取自維基百科）：

ASCII 可顯示字元（共 95 個）

二進位	十進位	十六進位	圖形	二進位	十進位	十六進位	圖形	二進位	十進位	十六進位	圖形
0010 0000	32	20	(space)	0100 0000	64	40	@	0110 0000	96	60	`
0010 0001	33	21	!	0100 0001	65	41	A	0110 0001	97	61	a
0010 0010	34	22	"	0100 0010	66	42	B	0110 0010	98	62	b
0010 0011	35	23	#	0100 0011	67	43	C	0110 0011	99	63	c
0010 0100	36	24	$	0100 0100	68	44	D	0110 0100	100	64	d
0010 0101	37	25	%	0100 0101	69	45	E	0110 0101	101	65	e
0010 0110	38	26	&	0100 0110	70	46	F	0110 0110	102	66	f
0010 0111	39	27	'	0100 0111	71	47	G	0110 0111	103	67	g
0010 1000	40	28	(	0100 1000	72	48	H	0110 1000	104	68	h
0010 1001	41	29	)	0100 1001	73	49	I	0110 1001	105	69	i
0010 1010	42	2A	*	0100 1010	74	4A	J	0110 1010	106	6A	j
0010 1011	43	2B	+	0100 1011	75	4B	K	0110 1011	107	6B	k
0010 1100	44	2C	,	0100 1100	76	4C	L	0110 1100	108	6C	l
0010 1101	45	2D	-	0100 1101	77	4D	M	0110 1101	109	6D	m
0010 1110	46	2E	.	0100 1110	78	4E	N	0110 1110	110	6E	n
0010 1111	47	2F	/	0100 1111	79	4F	O	0110 1111	111	6F	o
0011 0000	48	30	0	0101 0000	80	50	P	0111 0000	112	70	p
0011 0001	49	31	1	0101 0001	81	51	Q	0111 0001	113	71	q
0011 0010	50	32	2	0101 0010	82	52	R	0111 0010	114	72	r
0011 0011	51	33	3	0101 0011	83	53	S	0111 0011	115	73	s
0011 0100	52	34	4	0101 0100	84	54	T	0111 0100	116	74	t
0011 0101	53	35	5	0101 0101	85	55	U	0111 0101	117	75	u
0011 0110	54	36	6	0101 0110	86	56	V	0111 0110	118	76	v
0011 0111	55	37	7	0101 0111	87	57	W	0111 0111	119	77	w
0011 1000	56	38	8	0101 1000	88	58	X	0111 1000	120	78	x
0011 1001	57	39	9	0101 1001	89	59	Y	0111 1001	121	79	y
0011 1010	58	3A	:	0101 1010	90	5A	Z	0111 1010	122	7A	z
0011 1011	59	3B	;	0101 1011	91	5B	[	0111 1011	123	7B	{
0011 1100	60	3C	<	0101 1100	92	5C	\	0111 1100	124	7C		
0011 1101	61	3D	=	0101 1101	93	5D	]	0111 1101	125	7D	}
0011 1110	62	3E	>	0101 1110	94	5E	^	0111 1110	126	7E	~
0011 1111	63	3F	?	0101 1111	95	5F	_				

本附錄引用出處

https://zh.wikipedia.org/wiki/ASCII

A-3 從事計算機科學與其相關行業的收入有多少

錢，雖然不是萬能，但沒錢還真是萬萬不能，自從社團開辦之後，很多人都來關心這個問題，到底從事計算機科學與其相關行業的話，月薪能夠有多少？

我先公告答案，答案就是沒有一定，而且價格還會根據公司所在的國家、地區、工作內容以及你的能力而定，尤其是能力，能力幾乎決定了公司是否要錄用你，以及你的月薪與升遷。

與其在這邊猜薪水，我們還不如直接來看幾個例子，在臺灣，最多人用的求職網站就是 104，那我們先來看看在 104 求職網當中，從事計算機科學與其相關工作的薪水有多少。

首先，讓我們來看間位於台中的某公司，這間公司打算聘請遊戲程式設計師（以下擷取自 104）：

職務類別	軟體設計工程師、Internet程式設計師
工作待遇	月薪35,000~60,000元
工作性質	全職

這一間也位於台中，應徵資格必須是資深的 Java 程式設計師（以下擷取自 104）：

職務類別	Internet程式設計師、軟體設計工程師
工作待遇	月薪90,000元以上
工作性質	全職

這一間則是位於台北，是程式設計助理人員（以下擷取自 104）：

職務類別	Internet程式設計師、資訊助理人員、軟體設計工程師
工作待遇	月薪35,000~38,000元
工作性質	全職

這一間也位於台北，徵求的是 ASP.Net 設計師（以下擷取自 104）：

職務類別	軟體設計工程師、Internet程式設計師、MIS程式設計師
工作待遇	年薪400,000~900,000元
工作性質	全職

以上的職位，都是有寫價格的，但如果你去求職網站上看的話，你大部分所看到的徵才內容，幾乎都是面議比較多，像這樣（以下擷取自 104）：

職務類別	Internet程式設計師、MIS程式設計師、軟體設計工程師
工作待遇	待遇面議 （經常性薪資達 4 萬元或以上）⑦
工作性質	全職

之所以會寫面議，主要就是我說的，做計算機科學的工作，尤其是與程式或軟體相關的開發，薪資的高低全都是取決於求職者的個人能力，也因此，能力初階者又或者是剛畢業的菜鳥，其薪資通常大多是落在三萬左右（起跳），但如果是能力很好，又或者是可以獨當一面的話，那月薪往往會是六萬起跳，但要注意的是，有的領域比較特別，像是資訊安全，有的公司會要求求職者本身必須要持有相關證照，例如 CEH（Certified Ethical Hacker）認證道德駭客證照就是一個例子。

看完了國內的情況之後，接下來讓我們來看看國外的情況，首先是日本。

這是某一間專門製作遊戲的公司，各位可以看一下月薪（以下擷取自 DODA）：

給与	月給21万5000円〜55万円
	※首都圏勤務の場合、月給23万5000円以上
	（首都圏の勤務地：東京都、埼玉県、千葉県、神奈川県）
	※経験や能力を考慮し、当社規定により優遇します
	※残業代全額支給

這間則是專門做手機軟體開發（以下擷取自 DODA）：

給与	月給22万円〜44万円
	（プロジェクト間の待機期間中は月給18.5万円〜）

這間專門做機器人、自動車與醫療用設備等開發（以下擷取自 DODA）：

給与	【月給】
	17万9,700円〜47万8,225円
	※上記の下限給与額は、高卒初任給を参考として定めた今回の募集における下限給与額です。能力・経験・年齢を考慮のうえ当社規定により優遇します。

上面的數字全都是日幣，以現在的匯率來說，10萬日幣約等於 24300 元左右新台幣，那各位可以自己自行換算一下上面的價格。

在此我要請各位注意一點，上面的日本公司我只純粹給薪水價格，其他的像是津貼、補貼以及獎金等我並沒有算進去，由於各家公司的情況不同，所以數字也不一樣，有興趣的各位可以自己自行到日本的求職網站上去找找，上面全都有寫。

看完了台日的狀況之後，接下來讓我們來看看美國的情況：

這是一間在做網路安全的經理職缺（以下擷取自 DICE）：

這是一間做資訊安全的公司（以下擷取自 DICE）：

這是一間做遊戲開發的公司（以下擷取自 DICE）：

上面的價格全都是美金，以現在的匯率來說，1 萬美金約等於 280600 元左右新台幣，那各位可以自己自行換算一下上面的價格。

講完了資訊本科系的招聘工作與薪資行情之後，接下來讓我們來看看非本科，但又與計算機領域結合在一起的工作職缺，在此我舉了機械工程、室內設計以及美術設計等領域來當例子。

首先，這是間位於台南的某間工具機操作人員，應徵者必須要會 AutoCAD 與 MasterCAM 軟體：

職務類別	CNC電腦程式編排人員、生產技術／製程工程師、CNC機台操作人員
工作待遇	月薪45,000~65,000元
工作性質	全職

這是一間位於台北的室內設計公司，應徵者必須要會 SketchUp3D 這款建模軟體：

職務類別	室內設計／裝潢人員、美術設計、商業設計
工作待遇	月薪45,000~55,000元
工作性質	全職

這是一間位於台北的美術設計公司，應徵者必須要會 Sketch、Photoshop 與 Illustrator 等軟體：

職務類別	網頁設計師、美術設計
工作待遇	月薪40,000~65,000元
工作性質	全職

由於現在大學科系所眾多，礙於本書內容有限，我就只舉幾個範例來讓各位參考看看。

之所以會開闢這一節的最大目的就在於，在現代社會裡，已經有越來越多的工作都會使用計算機等相關技術來做輔助，而這之中的目的很簡單，那就是加速人類的工作效率，你想想，如果有了計算機來輔助，那像寫書的作家就不用再像以前的作家那樣，寫稿都要在稿紙上寫，也就是說，現在的作家只要會使用電腦，並在 Office 軟體上打字，並在整本書寫完之後，透過 Line 或 Email 等把原稿傳送給編輯，你看，這種工作模式是不是很方便，而且也不用擔心原稿會丟掉，更重要的是，傳送給編輯時，只要一鍵按下就全部 OK，你說，計算機的誕生與相關的應用是不是大大地改變了苦命作家們的工作模式？

好啦！也許你所就讀的科系所並不在我上面所舉的例子中，但沒關係，我相信聰明的各位只要各位上上網，輸入自己的科系所與軟體等關鍵字，我想，很多應用軟體便會出現在你眼前，更重要的是，現在已經有越來越多的公司會要求求職者必須要會職場上的專業軟體，因此，各位就在大學裡頭好好學習，培養自己的一技之長之後，便隨時投入職場。

最後，上面的工作內容與薪資我是從下面的求職網址當中來找到，由於徵才的公司眾多，有興趣的各位可以到下列網址中打關鍵字來搜尋看看：

https://www.104.com.tw/jobs/main/

https://doda.jp/

https://www.dice.com/

PS：有的國家在發展風格上比較特別，像是日本，日本的動漫與遊戲產業非常發達，所以電腦遊戲程式設計在日本的職缺很多，而且也很熱門。

A-4　當駭客的收入有多少

上一節，我舉了從事計算機以及其相關行業的收入，那時候我所講的工作全都是合法而且無爭議性，但本節就不一樣，本節所要講的內容，就帶點爭議性，讓我們繼續看下去。

有一些工作的性質比較特別，像是資訊安全，在資訊安全這個領域裡頭，有公開徵才也有非公開徵才，公開徵才的部分，就是上一節所說的內容，至於非公開的徵才，就是遊走法律邊緣，而從事這方面的工作在收入上則是沒有一定。

一般來講，駭客至少分成四種：

1. 黑帽駭客
2. 白帽駭客
3. 紅帽駭客
4. 灰帽駭客

黑帽駭客就是新聞裡頭常常出現的駭客，其工作內容是以偷竊或者是盜取公司等重要機密或資料為主，這種人的收入通常沒有一定，就看業績多少來算多少，例如以盜取某公司的客戶資料來說好了，假設一筆個人資料是 10 塊錢，那黑帽駭客就以盜取的筆數來賣給下游的客戶（例如詐騙集團），所以這也是為什麼你常常會在新聞上看到，黑帽駭客一次盜取個人的資料往往都高達數十甚至是數百萬筆的原因就在於此。

還有一種就是發動 DDOS 攻擊，攻擊者看準對方的網站來發動網路攻擊，並使對方的網站當場停止服務，那各位可以想想，這群黑帽駭客們為什麼要這麼做？

舉個例子，各位都有上網購物的經驗，但你想想，如果你要買一件商品時，商家的網站要是出現下面這個畫面（以下引用自維基百科）：：

Page not found

/404

We could not find the above page on our servers.

Did you mean: /wiki/404

Alternatively, you can visit the Main Page or read more information about this type of error.

就算你想下單你也沒門，主要是因為商家的網站停止服務，像發動這種攻擊的駭客，至少會有兩種目的：

1. 斷網時聯繫商家，並要求贖金
2. 出於競爭目的，讓消費者無法讓商家下單，使消費者轉而向別的商家下單

對於第一種情況來說，通常贖金的價碼會隨著企業的規模大小而有所不同，例如說對某大企業執行斷網，那駭客就會對被勒索的大企業要個 100 萬，也就是說，如果企業想要網路恢復正常運作，那企業就得拿 100 萬出來給駭客，也就是交付贖金。

至於第二種情況在商業競爭裡頭比較會見到，例如說 AB 兩間公司經營同一性質的商品，A 公司知道 B 公司在晚上六點時是網路訂單最多的時候，因此 A 公司便找職業駭客在晚上六點時對 B 公司來執行 DDOS 的斷網，這樣一來，B 公司的粉絲們就無法對 B 公司所販售的商品來下單。

你看，這是不是很惡劣的手法？因此黑帽駭客們的名聲都不是很好，主要是受其所害而恨之入骨的人大有人在，所以這也是為什麼黑帽駭客們每個都不現於世，全都把自己給隱藏起來的最大原因。

從上所述我們知道，黑帽駭客都是以業績與能力來跟客戶談價錢，也因此，黑帽駭客的收入原則上都沒有一定，耳聞最少從年收 10 萬美金到 30 萬美金，甚至是超過 30 萬美金以上者全都有。

至於白帽駭客就是公司裡頭的資安人員，平時用用滲透程式去滲透自家或客戶的計算機，便且從中找出漏洞，找到後呈報給公司來修補，至於薪資的話，就是前面所介紹的那樣。

紅帽駭客是國家專門培養的駭客，這群人以愛國情操為第一，專門負責滲透外國政府或地區的計算機，並且從中取得相關的資料，這事情以前曾經在臺灣發生過，就是前面所說過的政府公文被盜一案：

像這種事情，一般都是紅帽駭客在做。

最後就是灰帽駭客，灰帽駭客這種人亦正亦邪，有時候好，有時候壞，至於薪資方面，那就看在哪上班，原則上沒有一定。

本文參考與引用出處

https://zh.wikipedia.org/wiki/HTTP_404

https://tw.news.yahoo.com/%E5%9C%8B%E5%AE%B6%E6%AA%94%E6%A
1%88%E5%B1%80%E8%A2%AB%E9%A7%AD-%E6%94%BF%E5%BA%9C
%E6%A9%9F%E9%97%9C%E5%92%8C%E5%AD%B8%E6%A0%A1%E9%8
3%BD%E4%B8%AD%E6%8B%9B-023315740.html?guccounter=1&guce_refer
rer=aHR0cHM6Ly93d3cuZ29vZ2xlLmNvbS8&guce_referrer_sig=AQAAANZ02
Ai3dqJ2z8fHhGxvscajSH3BoUA2x130piVMumcVsMX-lIoSXnzvJ3oVHhWbyy
vEg4dFgOSDoNPrcZzg7OxgdngcCRELjoMY5xliPuK_nuIk3Kc5mBFxs0eBYim
F1O7NI5nzH7ELp7O6sx4yLcG5nEQad3zhVkhA7mhxRng6

A-5 讀者問答－修改與破解遊戲檔案簡介

講了這麼多，接下來我要來講一些很多人常常來問我的問題，首先是修改與
破解遊戲檔案。

在早期約 1990 年代，那時候的遊戲都是屬於所謂的單機遊戲，那什麼是單機
遊戲呢？在此我舉一個單機遊戲裡頭最簡單的例子（以下引用自維基百科）：

各位看到了嗎？像街機（又稱為大型電玩）這種單機遊戲的特點之一，就是計算機（也就是像街機這種電腦遊戲機）完全不需要透過網路來跟遊戲開發公司來做連線之後就直接可以玩，這種情況在早期（注意我講的是早期）的單機遊戲當中非常普遍，而在個人電腦裡頭，玩家只要拿到遊戲檔案，便可以直接開始玩遊戲。

有的遊戲在玩法上會涉及到玩家遊戲角色的生命、金錢以及能力等屬性，而這些屬性，通常在遊戲裡頭是要修練的，有的玩家不願意一關一關地練，換句話說就是想偷雞，也就是直接把玩家遊戲角色的生命、金錢以及能力等屬性給調到最高，而偷雞就要有偷雞的方法，例如使用相關的輔助性軟體（其實也就是駭客軟體）來試圖修改玩家遊戲角色的生命、金錢以及能力等屬性，讓我舉個最簡單的例子，例如說有一款比大小的遊戲，而預設玩家的金幣是 50 元，每玩一次花 10 元：

如果把這 50 元給花完，則玩家最多可以玩 5 次，以下就是遊戲的執行結果：

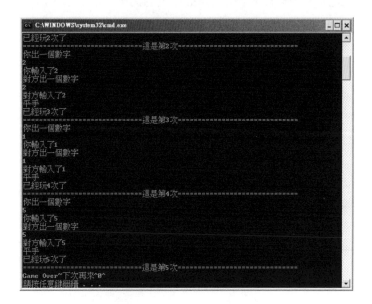

但現在問題來了，假如有玩家不死心，只玩 5 次而已覺得不夠爽，所以想要透過駭客軟體來把遊戲給修改成玩 10 次的話，那結果就會是：

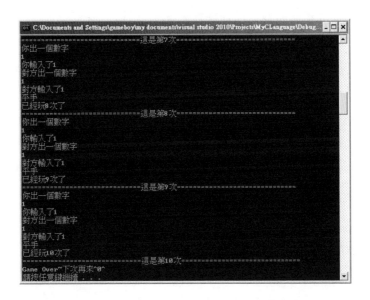

各位看到了嗎？原先只能玩 5 次的遊戲，透過駭客軟體這麼一弄，現在玩家已經可以玩到 10 次。

這種對遊戲的作弊現象，在早期的單機版遊戲裡頭非常常見，那你想，如果每個人都這樣做，那遊戲還好玩嗎？

其實像這種修改遊戲檔案的情況還不只出現在這裡，有的駭客還可以做到讓使用者在完全不需要輸入任何密碼的情況之下，便可以直接讓使用者登入、安裝或使用這些軟體。

我舉一個例子，在 Windows 7 作業系統剛剛上市的幾個月之後，我就已經在市面上看到有破解版的 Windows 7 正在市場上流通，使用者在安裝破解版的 Windows 7 之時，使用者完全不需要輸入任何密碼，只要直接按下鍵盤上的 Enter 之後，使用者便可以直接安裝破解版的 Windows 7，算一算從 Windows 7 正式上市的那天起到被破解出來，並流通於世的時間，我印象中不超過 3、4 個月。

你知道嗎？其實軟體開發公司在製作這些商業軟體的時候，早就已經料到自家所製作出來的商業軟體遲早有一天一定會被破解，只是時間早晚的問題而已，因此，這些軟體開發公司往往會對檔案來做一些特定的保護，但話雖如此，這些行走於江湖上的駭客們各個也不是什麼省油的燈，既然這些軟體公司有手段來保護自家軟體，那這些駭客們就有本事來破解這些商業軟體，而這一來一往，造就了黑與白這兩方之間長期以來的鬥爭。

一旦軟體被破解，這時候的駭客們便可以大量地複製這些被破解出來的檔案，進而透過黑市或者是其他管道來銷售，並藉此來謀取暴利，所以，軟體保護與破解技術從被發明出來的當日起到今天的 2022 年 4 月為止，這項技術依然是駭客技術裡頭一個很熱門的話題與顯學，一位駭客一生只要研究這一項技術，並以此為業的話，這輩子大概就不愁吃穿了。

其實軟體保護技術還不一定只能用於軟體保護上，只要是執行檔，那軟體保護技術原則上都可行。

再舉一個例子，以前作者在某研究中心的時候，就曾經看過有的計算機病毒被加了殼，而這些被加了殼之後的計算機病毒，其內容異常複雜，就正是這一加殼技術，大大加深了資安工程師破解計算機病毒的難度，同時也讓資安工程師很難查出這個計算機病毒的功用，進而延宕對電腦的修復時間。

講這些的目的主要是說，現在的遊戲破解已經沒有以前好做，而且就算破解，你還會遇到其他問題，因為現在的遊戲大多做成線上遊戲，而線上遊戲都會有伺服器來驗證玩家的帳號，不但如此，你要修改生命、金錢以及能力等屬性的話也已經變得越來越難，但話雖如此，還是有人冒險來做，而這險就是下一個我要講的主題，也就是外掛。

本文參考與引用出處

https://zh.wikipedia.org/zh-tw/%E5%8D%95%E6%9C%BA%E6%B8%B8%E6%88%8F

A-6 讀者問答－外掛與遊戲外掛簡介

在講這個主題之前，首先讓我們來了解線上遊戲的運行原理。

🔧 知識點 1－線上遊戲

讓我們來講一個故事，並藉此來比喻線上遊戲的基本原理，我知道這故事可能比喻得不是很好，雖然不是百分百地跟線上遊戲的運行原理完全一模一樣，不過我盡量，如果各位讀者們有更好的比喻，屆時還煩請您寫信來告知我一下。

假如現在有一位在家辦公的員工 A，員工 A 每天會固定把製作好的資料，弄成影本之後請郵差寄到公司 B 裡頭去，並藉此保存員工 A 每天的工作進度。

這樣做的好處就在於：

1. 如果員工 A 離職不做，這時候公司 B 只要把員工 A 之前所留下來的工作進度，請郵差交給一樣是在家工作的新員工 C 之後，員工 C 就可以開始繼續員工 A 之前的工作進度。
2. B 公司可以隨時掌控員工們的工作進度，並藉此確保資料的正確性。

以上的內容跟線上遊戲的原理差不多，讓我們來對照一下：

故事名詞	真實情況
AC 等員工	玩家
B 公司	公司遊戲伺服器

針對上面的介紹讓我們來做個研討：

1. 如果玩家 A 玩遊戲玩到一半，此時 A 要換新手機或者是因手機中毒而回到原廠設定的話，這時候的玩家 A 只要下載原來的遊戲，並在原來的遊戲裡頭再次登錄自己的帳號密碼之後，便可以從上次遊戲玩到一半的地方來繼續開始玩，當然，如果 A 把帳號密碼告訴 C 的話，那接手玩的人就會是 C。

2. 玩家的遊戲資料與遊戲進度全都存放在遊戲公司那裡，所以玩家要竄改資料已經是不可能了，例如前面所提到過的生命、金錢以及能力等屬性。

關於線上遊戲的關鍵點再讓我補充一下，因為這是故事裡頭很難比喻得到，各位就當個補充。

前面所介紹過的單機遊戲，是把遊戲檔案直接販售給消費者，而只要消費者一拿到遊戲檔案，這時候的消費者便可以針對遊戲檔案來進行破解、修改甚至是盜版，因為遊戲檔案已經完全掌控在消費者的手上，但線上遊戲可完全不一樣，遊戲公司這時候擁有完全的主動權，主要是因為廠商握有伺服器內的資料，這時候使得盜版變得完全不可能，打個最簡單的比方，當你要登錄線上遊戲之時，就必須得透過網路來跟伺服器連線，如果你沒有這道手續，那你連進去遊戲的門都沒有（以下引用自遊戲三國無雙）：

廠商之所以會這樣做，就是想要徹底解決遊戲軟體的盜版問題。

但事情到此，你想，真的就不會有人想去打遊戲的歪主意嗎？於是外掛便因此而生，讓我們繼續看下去。

🔦 知識點 2 一外掛

在講外掛這個主題之前，讓我們先來看一個例子，有一款計算機軟體也就是俗稱的小算盤可以幫助我們來做基礎的數學運算，小算盤長得像這樣：

你看了看小算盤，這時候你就會發現到，唉唷！小算盤這玩意兒的功能實在是不多，雖然小算盤這款軟體可以幫我做做簡單的數字運算，但我想，如果小算盤也能夠附有些有趣的小遊戲的話，那該有多好？而想要讓小算盤多增加點遊戲的想法，就是得靠外掛，那什麼是外掛呢？

所謂的外掛，就是一種程式，外掛的英文名稱有很多，像是（以下引用自維基百科）plug-in、plugin、add-in、addin、add-on、addon 與 extension 等，而外掛最主要的功能，就是讓應用程式額外地新增一些功能，例如上面的例子，在小算盤當中新增遊戲的功能，就是外掛所要做的事情，這樣講太抽象，讓我們來看個真實的範例。

Eclipse 是一款程式或軟體設計師所愛用的開發軟體，在以前 Eclipse 並不支持 Python 這種程式語言，直到後來，有人希望能夠在 Eclipse 上面來撰寫 Python 程式語言，於是便運用了外掛技術，讓 Eclipse 新增可以撰寫 Python 程式語言的功能，這情況就跟上面說過，想要對小算盤新增點遊戲的意思是一樣的，讓我們來看看，在尚未使用外掛來新增 Python 專案之時的 Eclipse：

接下來讓我們回到 Eclipse：

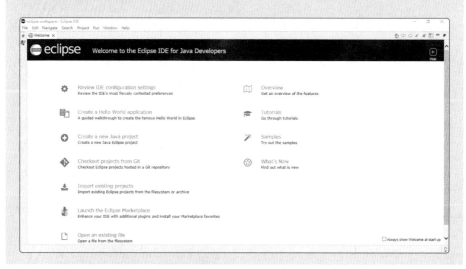

點選 Help → Install New Software… :

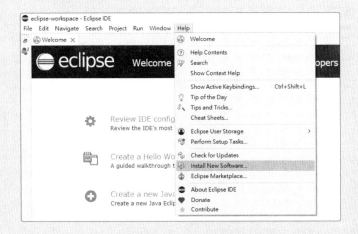

來到 Install New Software… 的地方 :

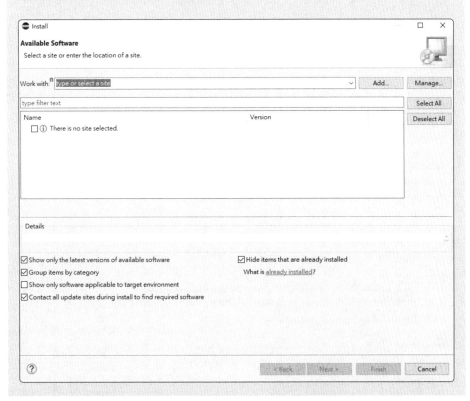

點選 Add：

準備填寫資料：

在 Location 的地方輸入網址：

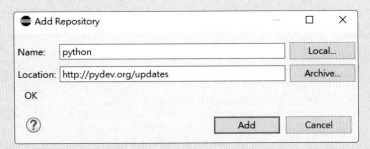

輸入完之後按下 Add，接著開始執行：

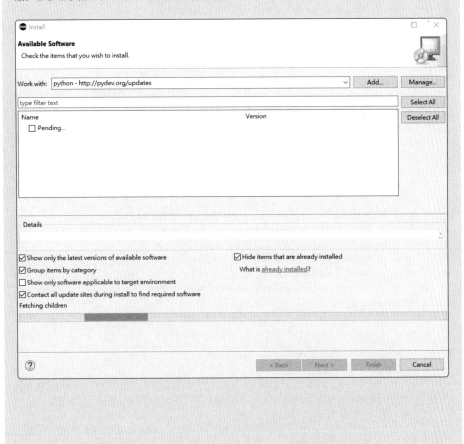

這時候出現了 PyDev 等選項：

勾選選項：

按下 Next：

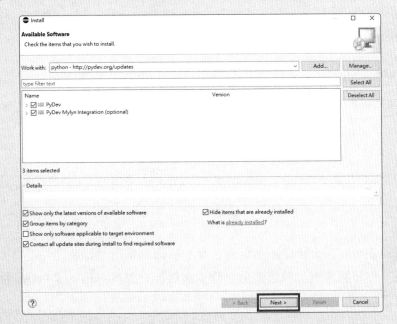

最後，可以來準備撰寫 Python 程式語言了：

各位可以比較一下下面這兩張圖：

左圖是沒有安裝外掛之前的情況，至於右圖則是已經安裝完外掛之後的情況，你仔細看看，執行完外掛程式之後，右圖是不是多了 PyDev 這個選項？

一般來說像外掛這種技術，在開發環境、網頁瀏覽器、遊戲以及媒體播放器等軟體當中最為常見（以上引用自維基百科），不過要注意的是，我上面所示範的外掛是合法外掛，對於有爭議的外掛，就是接下來我所要談的遊戲外掛。

🔦 知識點 3 ─ 遊戲外掛

在前面,我已經講了外掛是一種對軟體來增加額外功能的程式,而這裡的遊戲外掛,其意涵有一點不太一樣,在這裡我所指的遊戲外掛,是使用外部的程式來修改遊戲,我先講比較沒有爭議性的外掛:

1. 修改 UI:UI 也就是俗稱的使用者介面,這一類型的外掛,就是修改玩家的顯示畫面

2. 修改控制方式:例如說對遊戲主角的控制,把原先的鍵盤給改成搖桿

以上的外掛都不太會影響到遊戲的公平性,而通常遊戲廠商對這些類型的外掛,比較不會追究(當然還是要看廠商,如果有的廠商會追究,那你就會被抓)

而接下來要講的外掛,就是真正有爭議的外掛:

1. 加速器:也就是加快玩家的速度,這對遊戲來說,非常不公平

2. 地圖修改:對某些非常重視地圖的遊戲來說,替換地圖可以讓玩家沒有障礙

其他的還有座標修改、封包修改以及自動瞄準等,這些全都是讓遊戲失去公平性的外掛,重點是,遊戲廠商對這種帶有失去公平性的外掛採取的是零容忍的態度,也因此有的遊戲廠商會抓使用遊戲外掛的玩家,例如像這款手機遊戲《三國無雙》就是一個活生生的例子(以下引用自遊戲三國無雙):

請各位注意一下裡面的公告，你看公告的上面寫什麼（以下引用自遊戲三國無雙）：

3月21日封號公告

《真・三國無雙 霸》堅持用心為玩家提供精品遊戲，並全力為玩家打造公平有序的遊戲環境。對於某些以違法手段製作、出售外掛程式的協力廠商工作室及個人，遊戲向來秉持"零容忍"的態度，依法進行打擊並捍衛廣大玩家的利益。

目前，市面上已出現多個相關外掛程式，嚴重破壞了遊戲秩序，對其他玩家的遊戲體驗造成惡劣影響！官方經查證已對違規帳號進行封號處理！此外官方將定期針對遊戲排行榜核實並清榜（清理違規帳號榜單排名，不影響其他玩家應得獎勵）！

看到了嗎？玩家想用遊戲外掛來作弊，而人家遊戲廠商也不是什麼省油的燈，一樣也可以抓得到你，要是有必要，遊戲廠商也可以對你來採取法律訴訟，因此，有的遊戲廠商會在遊戲的首頁上公告公平遊戲聲明（以下引用自遊戲三國無雙）：

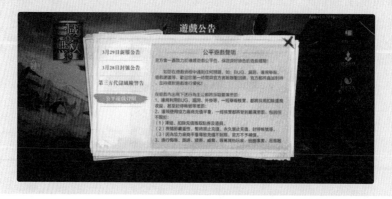

續公平遊戲聲明（以下引用自遊戲三國無雙）：

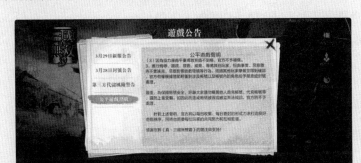

最後讓我來做個歸納與總結，原先的外掛本來是一種合法的程式，主要是幫助使用者的軟體來新增一些額外的功能，但事情發展到了遊戲外掛之後，整個情況就全部都變了，遊戲外掛的出現，大大地增加了遊戲的不公平性，讓別的玩家無法跟使用外掛的玩家一起來正常競爭，同時也讓遊戲廠商大大地蒙受損失。

其實就遊戲軟體開發來說，遊戲軟體開發是一項得投入大量資金的事業，例如說一個 3D 的建築模型，光那一個建築模型（簡稱為 3D 建模）有的要價就高達 10 多萬，所以遊戲開發的成本非常高，如果今天你站在遊戲廠商的立場上來看，我相信你一定也會希望玩遊戲的玩家們能夠公平遊戲與正常付費，而玩家付費廠商收費本來就是一個正常的商業交易，當遊戲廠商收到費用之後，遊戲廠商又可以投資其他的遊戲，讓玩家們又可以玩到更多更好玩的遊戲。

所以正常的商業交易，才能夠讓玩家與遊戲廠商之間雙方都能夠共贏，並且也讓遊戲這項娛樂事業，可以長長久久地經營下去，不然你光靠作弊不付費，或者是讓廠商收不到錢，一次兩次之後這些遊戲開發廠商不是退出當地市場，就是未來不再經營，那你想，要是遊戲開發廠商未來都不再開發新遊戲，那你以後也沒新遊戲可以玩，而最後的結果，就是大家都輸。

本文參考與引用出處

https://zh.wikipedia.org/zh-tw/Eclipse

https://www.tw511.com/12/118/3551.html

https://iter01.com/148227.html

iOS App Store 三國無雙

讀者回函

讀者回函

感謝您購買本公司出版的書，您的意見對我們非常重要！由於您寶貴的建議，我們才得以不斷地推陳出新，繼續出版更實用、精緻的圖書。因此，請填妥下列資料(也可直接貼上名片)，寄回本公司(免貼郵票)，您將不定期收到最新的圖書資料！

購買書號：　　　　　　**書名：**

姓　　名：_____

職　　業：□上班族　　□教師　　□學生　　□工程師　　□其它

學　　歷：□研究所　　□大學　　□專科　　□高中職　　□其它

年　　齡：□10~20　□20~30　□30~40　□40~50　□50~

單　　位：_____ 部門科系：_____

職　　稱：_____ 聯絡電話：_____

電子郵件：_____

通訊住址：□□□ _____
_____

您從何處購買此書：

□書局 _____　□電腦店 _____　□展覽 _____　□其他 _____

您覺得本書的品質：

內容方面：　□很好　　　　□好　　　　□尚可　　　　□差

排版方面：　□很好　　　　□好　　　　□尚可　　　　□差

印刷方面：　□很好　　　　□好　　　　□尚可　　　　□差

紙張方面：　□很好　　　　□好　　　　□尚可　　　　□差

您最喜歡本書的地方：_____

您最不喜歡本書的地方：_____

假如請您對本書評分，您會給(0~100 分)：_____ 分

您最希望我們出版那些電腦書籍：

請將您對本書的意見告訴我們：

您有寫作的點子嗎？□無　□有　專長領域：_____

歡迎您加入博碩文化的行列哦！

請沿虛線剪下寄回本公司

博碩文化網站　　http://www.drmaster.com.tw

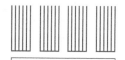
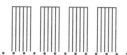

如何購買博碩書籍

全 省書局

請至全省各大書局、連鎖書店、電腦書專賣店直接選購。

（書店地圖可至博碩文化網站查詢，若遇書店架上缺書，可向書店申請代訂）

信 用卡及劃撥訂單（優惠折扣85折，未滿1,000元請加運費80元）

請於劃撥單備註欄註明欲購之書名、數量、金額、運費，劃撥至

帳號：17484299　戶名：博碩文化股份有限公司，並將收據及

訂購人連絡方式傳真至(02) 26962867 。

線 上訂購

請連線至「博碩文化網站 http://www.drmaster.com.tw」，於網站上查詢

優惠折扣訊息並訂購即可。

DrMaster

深度學習資訊新領域

博碩文化

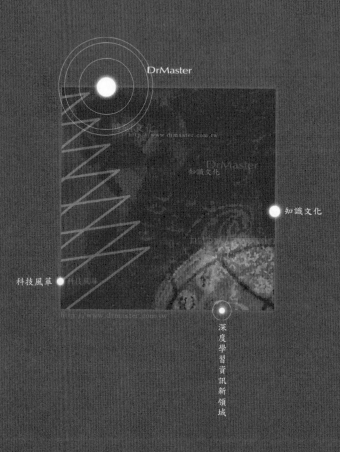

DrMaster

http://www.drmastec.com.tw

DrMaster
知識文化

知識文化

科技風華

http://www.drmaster.com.tw

深度學習資訊新領域